数 学 实 验

张国权 主编

科 学 出 版 社
北 京

内 容 简 介

本书把数学教学内容与计算机技术以及实际问题的建模与求解三者结合，以数值计算软件 MATLAB 6. X 作为统一的计算平台，介绍了 MATLAB 6. X 作为数学（主要是微积分与线性代数）计算工具的操作与编程，所介绍的 12 个综合实验涉及生物数学应用的主要方面，6 个实验范例涉及多个领域的应用，能使读者在思维能力和创造性方面受到启迪.

本书可作为高等院校本科非数学专业的工、理、农、经、管、法专业“数学实验”课教材，亦可作为有关技术人员和管理工作者的参考书.

图书在版编目(CIP)数据

数学实验/张国权主编. —北京：科学出版社，2004

ISBN 978-7-03-012444-9

Ⅰ. 数…　Ⅱ. 张…　Ⅲ. 高等数学－实验－高等学校－教材　Ⅳ. O13-33

中国版本图书馆 CIP 数据核字(2003)第 104666 号

策划编辑：李鹏奇/文案编辑：彭　斌　姚庆爽/责任校对：柏连海

责任印制：张　伟/封面设计：黄华斌

科学出版社 出版

北京东黄城根北街 16 号

邮政编码：100717

http://www.sciencep.com

北京凌奇印刷有限责任公司 印刷

科学出版社发行　各地新华书店经销

*

2004 年 2 月第　一　版　开本：B5（720×1000）

2022 年 8 月第二十一次印刷　印张：10

字数：183 000

定价：32.00 元

（如有印装质量问题，我社负责调换）

序

20世纪后半叶，计算机、计算技术、网络技术等的迅速发展极大地推动了科技和社会的进步，也凸显了数学科学的重要作用，各行各业对数学的要求日益增加，数学的应用也正向一切领域渗透．美国科学基金会（NSF）把数学科学创新项目作为该基金会2001～2006年的五大创新项目之首，美国有关专家在论述为什么要这样做时认为其“背后的推动力是所有科学和工程领域的‘数学化(mathematization)’”．作为用数学去解决各种实际问题的桥梁的“数学建模及与之相伴的计算正在成为工程设计的关键工具”．特别是面对入世后激烈的高科技竞争，越来越多的人正在学习和应用数学建模的思想、方法去研究和解决本职工作中所碰到的各种实际问题．数学教育改革的问题也就自然成为当前十分重要和迫切的问题．

早在20世纪80年代，工业发达国家为了研究他们国家的年轻人应该怎样应对21世纪的挑战作了众多的调研，几乎所有的调研报告都认为数学和科学的教育改革是关键，有的甚至提出了数学、科学和技术三位一体的改革思想．增强学生的数学素质和应用数学去分析、解决实际问题的能力是培养具有创新和竞争力人才的必要前提和重要基础．为此，大学主干数学课程的教学改革就成了当务之急的关键，世界各国都在花大量的人力、物力和财力进行这方面的改革．这种改革包括从21世纪的社会和科技发展的角度重新审视大学主干数学课程的设置、指导思想、教学内容和方法、技术手段的使用、教材建设、因材施教和师资培训等诸多方面．实事求是地从学校和专业的特点、学生的实际情况和将来的去向出发，不是一味追求向国内外顶尖学校靠拢的形式主义的做法，而是着重于培养的人才是否真正具有创新精神和竞争力又是这一改革浪潮中的明显特点．在这样的基础上确定改革措施、进行改革试验一步一个脚印地、实实在在地提高教学质量．在我国，多年来在教育部的领导和广大教师的努力下，大学的数学教育改革已经取得了巨大的成绩．

华南农业大学张国权、钟谭卫等老师在校、院领导的大力支持下多年来对该校的主干数学课程的教学进行了颇有成效的改革，深受学生的欢迎．为扩大其教改成果，他们又编写了面向21世纪农林类本科主干数学课程的改革系列教材：《大学数学》、《应用概率统计》、《数学实验》．我认为他们编写的教材有以下特点：紧密结合农林类院校和学生的特点，在坚持数学的系统性的基础上突出重点、打好基础，重在数学思维的熏陶、提高数学修养；着重培养分析和解决问题的能力，增加了数学建模等内容；充分认识到技术手段在学习和应用数学中的重要性，较早地把重要的数学软件包教给学生，并开设了数学实验课．我相信他们在使用新教材的过程中一定会取得更好的教学效果．我衷心地预祝他们在大学数学教育改革和培养人才的事业上取得更大的成绩．

叶其孝
于北京理工大学

前　言

21 世纪信息时代来临，随着计算机的广泛应用，数学日益渗透到理、工、农、医、经、管、法等各学科中，应用范围日趋扩展，人类的知识积累体系正面临着第三次数学化．数学学科的面貌将发生更巨大的变化，数学的教学体系、教学内容、教学方法需要一场更深刻的变革．作为 21 世纪初非数学类本科数学内容与课程体系模式的探讨研究成果，本系列教材正是为了适应新的数学教学体系与数学应用需要而编写的．本系列教材包括《大学数学》、《应用概率统计》与《数学实验》．教材积聚课题组教师多年教学经验与 4 年艰苦试点探索的心血，教材结合教改实践已三易其稿，其编写完成是团队奋斗的成果．

本系列教材的特点是：

1．体现创新

古典内容用现代观点介绍；新技术、新方法尽量优先选入，力求做到数学内容现代化．

2．突出应用

在选材上突出数学理论应用的实际案例，将数学建模引入教学改革，以通俗易懂的方式介绍数学理论和方法在农业、生物领域中的广泛应用．

3．紧密结合计算机

注重数学方法与计算机应用相结合，充分发挥数学、统计软件包和大型科学计算软件 MATLAB 6.X 的作用，有效地培养学生应用数学方法解决各种实际问题的能力．

21 世纪的数学课程改革是一项有组织有步骤的集体行动，系列教材的编写更是一项复杂而艰巨的系统工程．十分感谢华南农业大学领导为我们的改革提供了舞台；十分感谢叶其孝教授在百忙之中审阅本系列教材，提出了很多指导性意见，并为教材作序；十分感谢三年来在实施本教改课题试点班的教学中倾注心血的付银莲、戴婉仪、卢建平老师；对科学出版社李鹏奇编辑为本教材的顺利出版给予的大力支持，表示衷心的感谢．

我们期望该系列教材的出版能为提高非数学类本科数学基础课的教学质量起到促进作用．由于我们水平有限，书中难免有不足之处，尤其是在一些内容安排上，恐有偏颇之处，恳切希望读者批评指正．

本教材授课时数宜为 16～32 学时．主编张国权教授（华南农业大学），副主编刘迎湖（华南农业大学）、付银莲（华南农业大学）、卢建平（华南农业大学），编者岑冠军（华南农业大学）、肖莉（华南农业大学）、叶卫亚（华南农业大学）、安丰田（广东交通职业技术学院），最后由张国权统稿定稿.

本书可作为高等院校本科非数学专业的工、理、农、经、管、法学科专业数学实验课的教材，亦可供有关技术人员和管理工作者参考.

张国权

目　　录

第一章　MATLAB 6.X 简介

1.1　导　　言

MATLAB 是 MATrix LABoratory 的缩写，是由美国 MathWorks 公司开发的工程计算软件，迄今 MATLAB 已推出了 6.5 版. 1984 年 MathWorks 公司正式将 MATLAB 推向市场，从那时起，MATLAB 的内核采用 C 语言编写，而且除原有的数值计算能力外，还新增了数据图视功能. 在国际学术界，MATLAB 已经被确认为准确、可靠的科学计算标准软件. 在设计研究单位和工业部门，MATLAB 被认作进行高效研究、开发的首选软件工具.

MATLAB 集成环境主要包括五个部分：MATLAB 语言、MATLAB 工作环境、句柄图形、MATLAB 数学函数库和 MATLAB API(application program interface). MATLAB 语言是以数组为基本单位，包括控制流程语句、函数、数据结构、输入输出及面向对象的高级语言.

MATLAB 语言提供了丰富的运算符和库函数，并具有高效方便的数组和矩阵运算能力，既具有结构化的控制语句又具有面向对象的编程特性，语言简洁，内涵丰富，编程效率高. 此外，MATLAB 图形功能强大，包括对二维和三维数据可视化、图像处理、动画制作等高层次的绘图命令，也包括可以完全修改图形局部及编制完整图形界面的、低层次的绘图命令.

1.2　MATLAB 6.X 操作入门

一、MATLAB 的安装与启动(Windows 操作平台)

➢ 将源光盘插入光驱；

➢ 在光盘的根目录下找到 MATLAB 的安装文件 setup.exe；

➢ 双击该安装文件后，按提示逐步安装；

➢ 安装完成后，在程序栏里便有了 MATLAB 选项，桌面上出现 MATLAB 的快捷方式；

➢ 双击桌面上 MATLAB 的快捷方式或程序里 MATLAB 选项即可启动 MATLAB.

二、MATLAB 环境

MATLAB 是一门高级编程语言，它提供了良好的编程环境. 作为编程环境，

MATLAB 提供了很多方便用户管理变量、输入输出数据以及生成和管理 M 文件的工具，下面将分别介绍 MATLAB 的命令窗口、工作区、分类帮助窗口、指令历史记录窗口、当前目录选择窗口、程序编辑器和帮助系统，它们是用户与 MATLAB 进行交互的主要场所.

启动 MATLAB 6.X 后对话框如图 1.1 所示，它大致包括以下几个部分：

菜单项；

工具栏；

- 【Command Window】命令窗口；
- 【Launch Pad】分类帮助窗口；
- 【Workspace】工作区窗口；
- 【Command History】指令历史记录窗口；
- 【Current Directory】当前目录选择窗口.

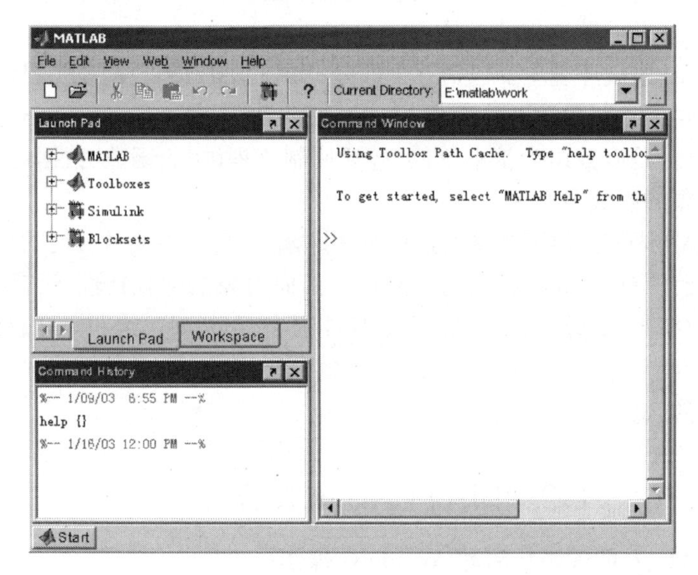

图 1.1

1. 命令窗口

启动 MATLAB 6.X 以后，就出现【Command Window】，即命令窗口，默认时位于 MATLAB 桌面右方，点击命令窗口右上角的按钮，即可得到几何独立的命令窗口. 见图 1.2，其中符号“>>”表示等待用户输入.

命令窗口的空白区域即命令编辑区，命令编辑区用来输入和显示计算结果. 可键入各种 MATLAB 命令进行各种操作，输入数学表达式进行计算. 此外，命令窗口的工具栏显示 9 个工具按钮，使工作更加方便、快捷.

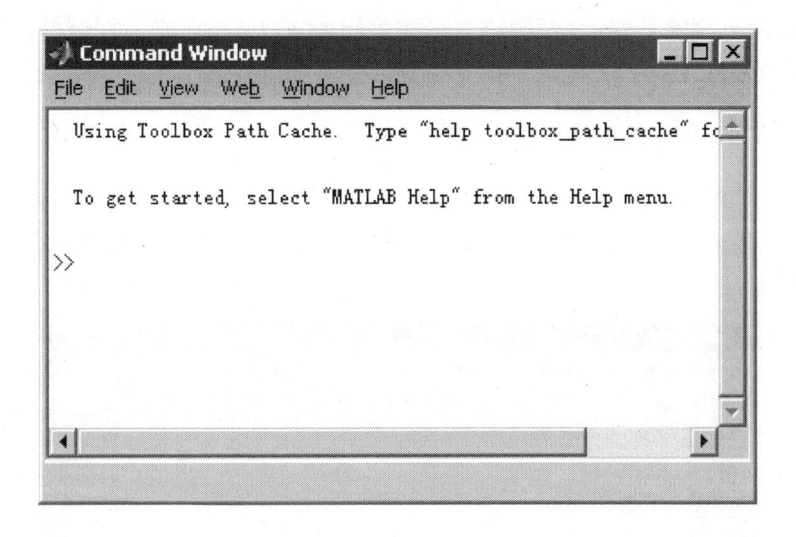

图 1.2

2. MATLAB 工作区

在菜单栏"View"菜单中选择"Workspace",工作区就会出现,点击工作区窗右上角的按钮,即可得到几何独立的工作区窗口,见图 1.3.

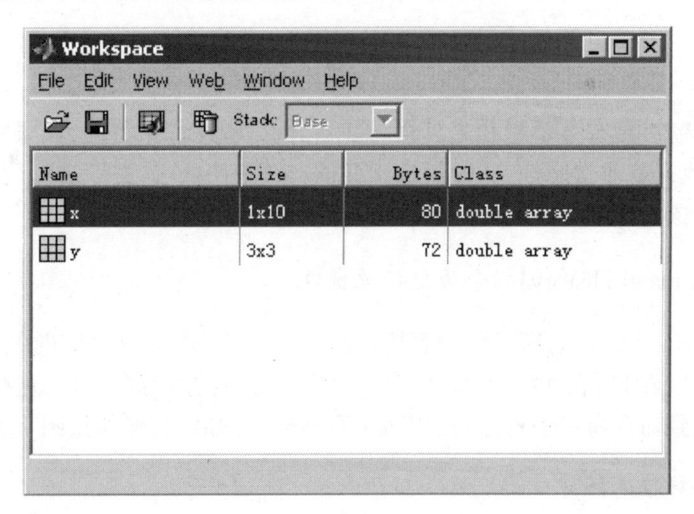

图 1.3

工作区【Workspace】是接受 MATLAB 命令的内存区域,存储随着命令窗口输入的命令和程序创建的所有变量值.每打开一次 MATLAB,都会自动建立一个工作区,运行 MATLAB 的程序或命令时,产生的所有变量被加入到工作区中,除非用特殊的命令删除某变量,否则该变量在关闭 MATLAB 之前一直保存在工作区中,关闭 MATLAB 后,工作区中保存的变量会被自动清除.

3. MATLAB 的程序编辑器

MATLAB 提供了一个内置的具有编辑和调试功能的程序编辑器.从“File”菜单中选择“New”下的“M-file”命令,即可进入程序编辑器(MATLAB Editor/Debug),见图 1.4.

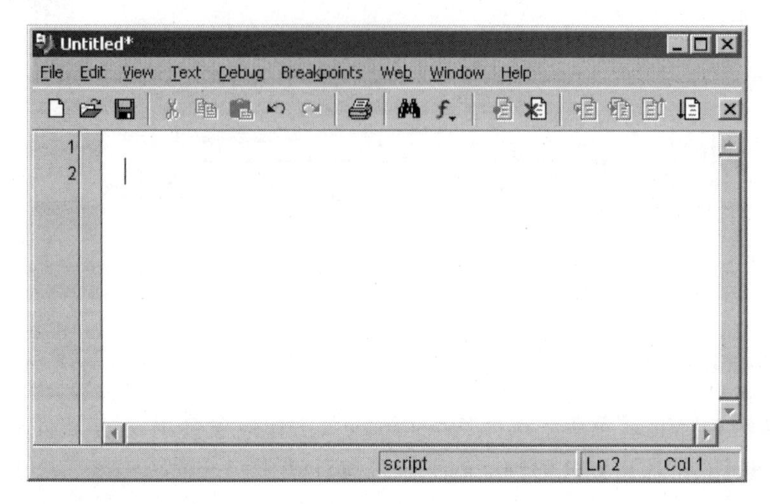

图 1.4

编辑器窗口具有菜单栏和工具栏,编辑和调试程序非常方便,如果程序命令比较多,逐行执行就非常麻烦,此时可编辑并储存该程序的 M 文件,就可在命令窗口中反复调用该文件,并可在程序编辑器中方便地修改.

4.【Command History】指令历史记录窗口

【Command History】窗口记录着用户每一次开启 MATLAB 的时间,以及每一次开启 MATLAB 后在 MATLAB 命令窗口中运行过的所有命令行,这些命令记录可以被复制到命令窗口中再运行,以减少重新输入的麻烦,操作见图 1.5.

5. 当前路径选择窗口

【Current Directory】窗口位于 MATLAB 桌面的右上区,包括菜单条、工具栏、当前目录设置区以及所设置目录下的文件详细列表,在该详细列表中选取文件,单击鼠标左键,再单击右键,会弹出一系列命令,重要的有:命令“Open”打开文件,“Run”运行该文件等,见图 1.6.

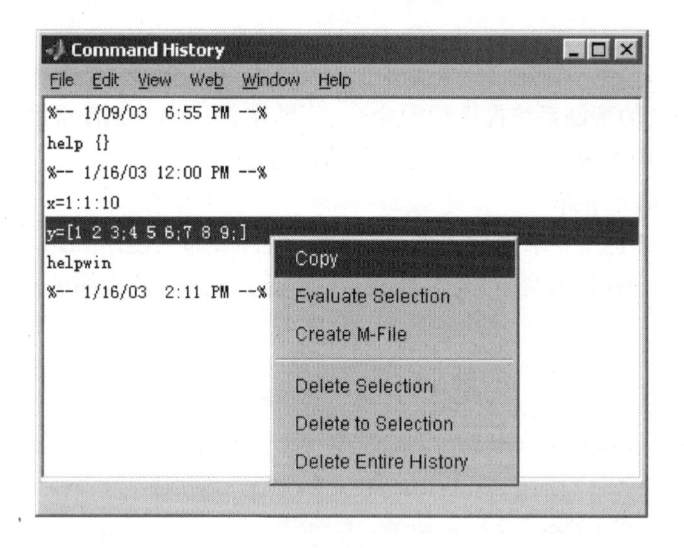

图 1.5

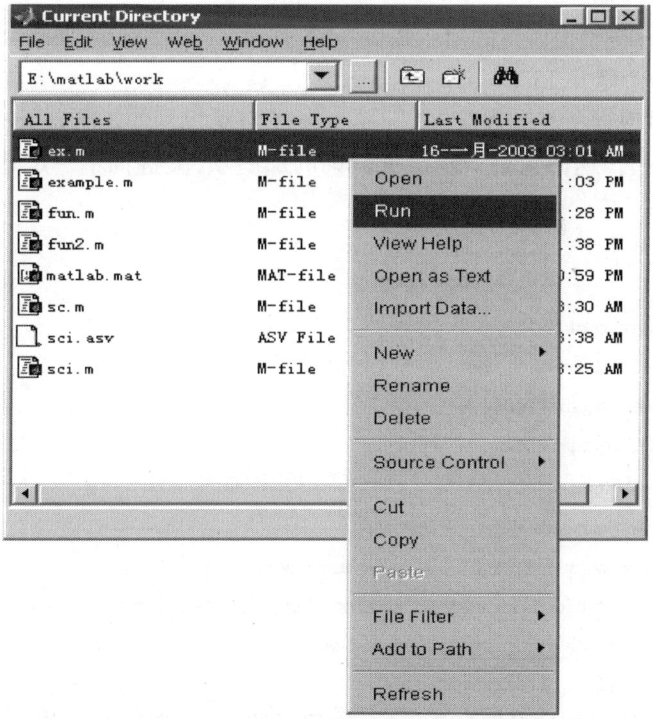

Current Directory
File Edit View Web Window Help
E:\matlab\work
All Files File Type Last Modified
ex.m M-file 16-一月-2003 03:01 AM
example.m M-file :03 PM
fun.m M-file :28 PM
fun2.m M-file :38 PM
matlab.mat MAT-file :59 PM
sc.m M-file :30 AM
sci.asv ASV File :38 AM
sci.m M-file :25 AM
Open
Run
View Help
Open as Text
Import Data...
New
Rename
Delete
Source Control
Cut
Copy
Paste
File Filter
Add to Path
Refresh

图 1.6

6. MATLAB的帮助系统

MATLAB的帮助系统提供帮助命令、帮助窗口、MATLAB帮助台、在线帮助页或直接链接到MathWorks公司等几种帮助方法.

(1) 帮助命令help

假如准确知道所要求助的主题词,或指令名称,那么使用help命令是获得在线帮助的最简单有效的途径.例如要获得关于函数sqrt使用说明的在线求助,可键入命令

```
>> help sqrt
```

将显示

```
SQRT   Square root.
   SQRT(X) is the square root of the elements of X. Complex
   results are produced if X is not positive.
   See also SQRTM.
Overloaded methods
   help sym/sqrt.m
```

help demo将给出所有的演示题目.

(2) 帮助命令lookfor

它是通过搜索所有MATLAB下的help子目录标题与MATLAB搜索路径中M文件的第一行,返回包括所指定关键词的那些项,关键词不一定是命令.例如,执行以下命令

```
>> lookfor sqrt
```

将显示

```
SQRT   Square root.
SQRTM      Matrix square root.
REALSQRT Real square root.
MOT563_SQRT Square root.
MOT566_SQRT Square root.
vsqrtm.m: % function out = vsqrtm(mat)
SQRT Symbolic matrix element-wise square root.
BLKSGNSQRT This block defines a function that returns the square root of the
BLKSQRT This block defines a function that returns the square root of the input.
```

(3) 帮助窗口

帮助窗口给出的信息按目录编排,比较系统,便于浏览与之相关的信息,其内容与帮助命令给出的一样.进入帮助窗口的方法有:

① 由【Launch Pad】分类帮助窗口进入帮助窗口,【Launch Pad】窗口见图1.7.选中“Help”项,单击鼠标右键,再单击“Open”,即可进入帮助窗口.

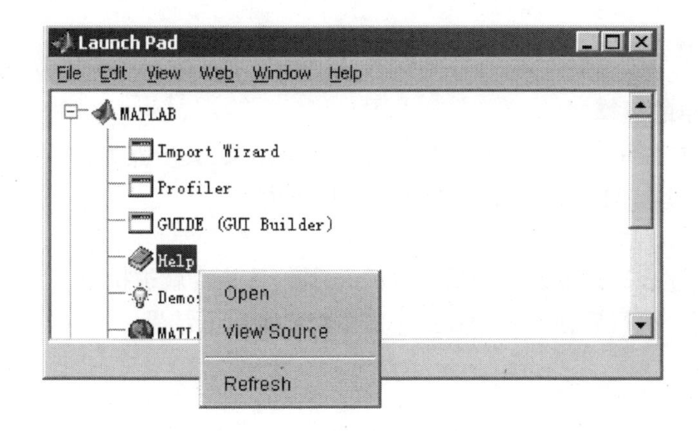

图 1.7

② 选取帮助菜单里的“MATLAB Help”或键入命令“helpwin”；

③ 双击菜单条上的问号按钮.

(4)【Launch Pad】分类帮助窗口

该窗口包括菜单条和树状层次文件列表,操作方法是:选中一项,单击鼠标右键,再单击“Open”,即打开该项,例如,要运行演示文件,操作见图 1.8.

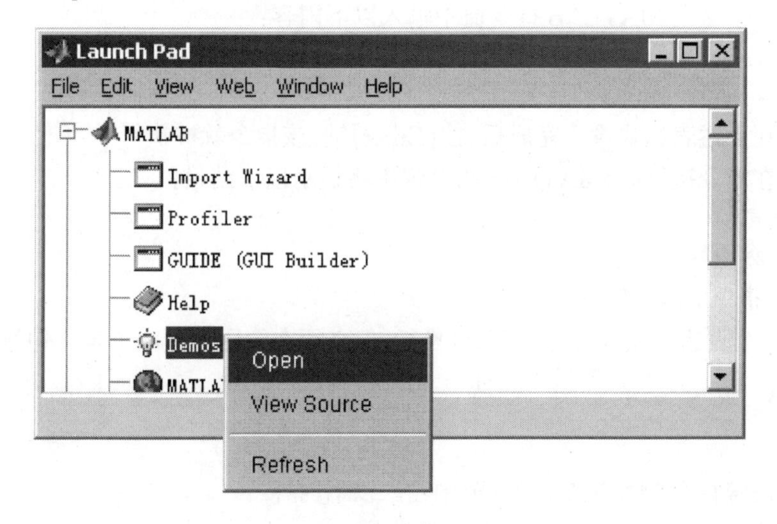

图 1.8

三、命令行编辑入门

在 MATLAB 命令编辑区里,我们不但可以通过键入命令或表达式进行计算、赋值、编程和调用文件,还可以进行变量及文件的管理,获取帮助.

1. 命令行基础

(1) 简单的运算

例 1 求$[12+2\times(7-4)]\div 3^2$的算术运算结果，其步骤为：

① 用键盘在 MATLAB 指令窗中输入以下内容：

```
>> (12+2*(7-4))/3^2
```

② 在上述表达式输入完成后，按【Enter】键，该指令就被执行.

③ 在指令执行后，MATLAB 指令窗中将显示以下结果：

```
ans =

     2
```

(2) MATLAB 表达式的输入

MATLAB 语句由表达式和变量组成，有两种常见的形式：

表达式

变量 = 表达式

表达式由变量名、运算符、数字和函数名组成，"="为赋值符号，将其右边表达式运算的结果赋给左边.

例 2 建立变量 y 使其值为 3，并计算 $x=y^3-\sqrt{y}$时 x 的值，其步骤为：

① 用键盘在 MATLAB 指令窗中输入以下内容：

```
>> y=3;
>> x=y^3-sqrt(y)
```

② 在上述表达式输入完成后，按【Enter】键，该指令就被执行.

③ 在指令执行后，MATLAB 指令窗中将显示以下结果：

```
x =

   25.2679
```

(3) 指令的续行输入

若一个表达式在一行写不下，可换行，但必须在行尾加上四个英文句号.

例 3 求 $S=1-\frac{1}{2}+\frac{1}{3}-\frac{1}{4}+\frac{1}{5}-\frac{1}{6}+\frac{1}{7}-\frac{1}{8}$ 的值，其步骤为：

① 用键盘在 MATLAB 指令窗中输入以下内容

```
>> S = 1 - 1/2 + 1/3 - 1/4 + 1/5 - 1/6....
     + 1/7 - 1/8
```

② 在上述表达式输入完成后，按【Enter】键，该指令就被执行.

③ 在指令执行后，MATLAB 指令窗中将显示以下结果：

```
S =

   0.6345
```

(4) 利用控制键回调以前的指令，进行新的计算或输入

例 4　若用户想计算 $y_1=\dfrac{2\sin(0.3\pi)}{1+\sqrt{5}}$ 的值，用户已键入以下字符，并已经运行

```
>> y1 = 2 * sin(0.3 * pi)/(1 + sqrt(5))
```

若又想计算 $y_2=\dfrac{2\cos(0.3\pi)}{1+\sqrt{5}}$，用户不必像计算 y_1 那样，通过键盘把相应字符一个一个"敲入"，而可以较方便地用操作键获得该指令. 具体办法是：先用 ↑ 键调出已输入过的指令 y1 = 2 * sin(0.3 * pi)/(1 + sqrt(5))；然后移动光标，把 y1 改成 y2；把 sin 改成 cos 便可. 即得

```
>> y2 = 2 * cos(0.3 * pi)/(1 + sqrt(5))
y2 =
    0.3633
```

注意：

➢ 同一行中若有多个表达式，则必须用分号或逗号隔开，若表达式后面跟分号，将不显示结果. 分号可关掉不必要的输出，提高程序的运行速度；

➢ 当不指定输出变量时，MATLAB 将计算值赋给缺省变量 ans(answer)；

➢ 在 MATLAB 里，有很多控制键和方向键可用于命令行的编辑，具体见表 1.1；

➢ 当命令行有错误，MATLAB 会用红色字体提示.

表 1.1　MATLAB 命令窗口的控制键功能

键	相应快捷键	功能
↑	Ctrl + p	重调前一行
↓	Ctrl + n	重调下一行
←	Ctrl + b	向左移一个字符
→	Ctrl + f	向右移一个字符
Ctrl→	Ctrl + r	向右移一个字符
Ctrl←	Ctrl + l	向左移一个字符
Home 键	Ctrl + a	移动到行首
End 键	Ctrl + e	移动到行尾
Esc 键	Ctrl + u	清除一行

2. MATLAB 的变量及管理

(1) 变量名的命名规则

① 以字母开头，后面可跟字母、数字和下短线；

② 大小写字母有区别；

③ 不超过 31 个字符.

例如 ce12_3,f,F 和 Dui31 是四个合法的变量.

MATLAB 的预定义变量,见表 1.2.

表 1.2　MATLAB 的预定义变量

ans	用于结果的缺省变量名
pi	圆周率
eps	计算机的最小数
inf	无穷大
NaN	不定量
i 或 j	i=j=−1 的开方
realmin	最小可用正实数
realmax	最大可用正实数

(2) MATLAB 的变量管理

在命令窗口,我们可以键入指令 who 或 whos 随时检查 MATLAB 内存变量,用指令 clear(变量名)清除指定的工作区变量,用指令 clear 清除所有变量,也可用指令 save 将当前工作区的变量储存在 MAT-文件中,用 load 调用一个 MAT-文件,指令 quit 为退出工作区.

① 用 who 检查 MATLAB 内存变量.

在命令窗口中运行以下指令,就可看到内存变量.

```
who
Your variables are:
R       Y       x       y1
X       Z       y       y2
```

② 键入 whos ,获得驻留变量的详细情况:全部变量名,变量的数组维数,占用字节数,变量的类别(如双精度),是否复数等.

```
whos
  Name        Size         Bytes Class
  R          33x33         8712 double array
  X          33x33         8712 double array
  Y          33x33         8712 double array
  Grand total is 4424 elements using 35392 bytes
```

③ 变量的存取.

```
save sa X Y Z % 选择内存中的 X,Y,Z 变量保存为 sa.mat 文件
```

④ 清空内存,从 sa.mat 向内存装载变量 Z.

```
clear         % 清除内存中的全部变量
```

```
load sa Z      % 把 sa.mat 文件中的 Z 变量装入内存
who            % 检查内存中有什么变量
Your variables are:
Z
```

如果一组数据是经过长时间的复杂计算后获得的,那么为避免再次重复计算,常使用 save 加以保存.此后,每当需要,都可通过 load 重新获取这组数据.这种处理模式常在实际中被采用.

3.MATLAB 的文件管理

MATLAB 的文件管理命令见表 1.3.

表 1.3　MATLAB 的文件管理命令

what	返回当前目录下 M、MAT、MEX 文件的列表
dir	列出当前目录下的所有文件
cd	显示当前的工作目录
type(文件名)	在命令窗口下显示该文件的内容
delete(文件名)	删除 M 文件
which(文件名)	显示 M 文件所在的目录

例如,键入命令

```
>> dir
```

将显示

```
.    ..    example.m   fun.m    fun2.m    matlab.mat
```

又比如,键入命令

```
>> which example.m
```

将显示

```
E:\matlab\work\example.m
```

四、MATLAB 的函数

1.常用的数学函数

单变量数学函数的自变量可以是数组,此时,输出的是各元素的函数值构成的同规格数组,例如:

```
>> s=[3 5 7];cos(s)
ans =
    -0.9900 0.2837 0.7539
```

MATLAB 中常用的数学函数有:

三角函数　正弦 sin(x),余弦 cos(x),双曲正弦 sinh(x),反正弦 asin(x),反双曲正弦 asinh(x),正切 tan(x),余切 cot(x),正割 sec(x),余割 csc(x)等;

指数函数　exp(x),log(x),log10(x),log2(x),平方根 sqrt(x)等;

整值函数　朝零方向取整 fix(x),朝负无穷方向取整 floor(x),朝正无穷方向取整 ceil(x),四舍五入到最近的整数 round(x),符号函数 sign(x)等.

2.数组操作函数

数组操作函数见表 1.4.

表 1.4　数组操作函数

size(A)	返回一个二元向量,第一个元素为 A 的行数,第二个元素为 A 的列数
size(A,1)	返回 A 的行数
size(A,2)	返回 A 的列数
length(A)	返回 max(size(A))
flipud(A)	矩阵作上下翻转
fliplr(A)	矩阵作左右翻转
diag(A)	提取 A 的对角元素,返回列向量
diag(v)	以向量 v 作对角元素创建对角矩阵

3.其他函数

最大值 max、最小值 min、求和 sum 和平均值 mean 等函数,一般作用于向量,作用于矩阵时,是函数作用于矩阵相应列向量的结果,返回行向量.

1.3　程序设计与 M 文件

一、运算符

MATLAB 的运算符可分为三类:算术运算符、关系运算符和逻辑运算符,其中算术运算符的优先级最高,其次是关系运算符,再其次是逻辑运算符.

1.算术运算符

+(加),-(减),*(乘),/(除),^(乘幂)

其中指数运算级别最高、乘除运算次之,加减运算级别最低.

2.关系运算符

关系运算符对于程序的流程控制非常有用,MATLAB 共有六个关系运算符,

它们分别是:

< 小于; <= 小于或等于; > 大于; >= 大于或等于; == 等于; ~= 不等于

关系运算符可比较同型矩阵,比较两个矩阵相对应的元素,如果相等则生成真值 1,否则为 0,因此最后得到一个 0-1 矩阵.

3. 逻辑运算符

MATLAB 有三个逻辑运算符:&(与)、|(或)、~(非).

& 运算:两个运算数为真时,结果为真,否则为假;

| 运算:两个运算数都为假时,结果为假,否则为真;

~运算:只有一个运算数时,当该运算数值为假时,结果为真,反之,则为假.

二、MATLAB 控制流程

1. for 循环结构

for 循环主要用于固定的和预定的次数循环,一般格式为

```
for x = 表达式 1:表达式 2:表达式 3
        语句体
end
```

例 1 建立向量 X,使 $X = (1\ 2\ \cdots\ 10)$,程序如下:

```
for i = 1:10;  % i 依次取 1,2,...,10.
X(i) = i;      % 对每个 i 值,重复执行由该指令构成的循环体.
end;
X              % 要求显示运行后数组 X 的值.
X =
     1     2     3     4     5     6     7     8     9    10
```

2. while 循环结构

如果我们不能确定循环的次数,则可用 while 循环结构,一般格式为

```
while 表达式
语句体
end
```

如果表达式的值为真,则执行 while 与 end 之间的语句体,一旦表达式的值为假,则终止循环.

例 2 Fibonacci 数组的元素满足 Fibonacci 规则: $a_{k+2} = a_k + a_{k+1}$, $(k = 1, 2, \cdots)$,且 $a_1 = a_2 = 1$. 现要求该数组中第一个大于 10 000 的元素,程序如下:

```
a(1) = 1;a(2) = 1;i = 2;
while a(i)< = 10000
     a(i+1) = a(i-1) + a(i);    % 当现有的元素仍小于 10000 时,求解下一个元素.
     i = i+1;
end;
i,a(i),
i =
      21
ans =
  10946
```

3. if-else-end 分支结构

如果程序语句是有条件的执行,可以用 if 结构,if 结构的形式为

```
if 表达式 1
  语句体 1
elseif 表达式 2
  语句体 2
……
elseif 表达式 n
  语句体 n
else
  语句体 n+1
end
```

例 3 一个简单的分支结构,程序如下:

```
cost = 10;number = 12;
if number>8
   sums = number * 0.95 * cost;
end, sums
sums =
  114.0000
```

可用 if 和 break 来跳出 for 循环和 while 循环,例如:

用 for 循环指令来寻求 Fibonacci 数组中第一个大于 10000 的元素,程序如下:

```
n = 100;a = ones(1,n);
for i = 3:n
      a(i) = a(i-1) + a(i-2);
      if a(i)> = 10000
        a(i),
        break; % 跳出所在的一级循环.
```

```
    end;
end,i
ans =
      10946
i =
21
```

4. switch-case 结构

switch 语句根据表达式的值来执行相应的语句,一般形式为

```
switch 表达式(数量或字符串)
  case 值 1,
    语句体 1
  case{值 2.1,值 2.2,…}
    语句体 2
……
  otherwise,
    语句体 n
end
```

例 4　一个简单的 switch-case 结构,程序如下:

```
method = input('The method you want to use: \n','s');
switch lower(method)
case {'linear','bilinear'}
    disp('Method is linear')
case {'cubic'}
    disp('Method is cubic')
case {'nearest'}
    disp('Method is nearest')
otherwise
    disp('Unknown method.')
end;
```

运行后,程序将等待输入,键入 Bilinear 并回车,结果显示

Method is linear

三、M 文件的编写

M 文件,就是用 MATLAB 语言编写的,可在 MATLAB 里运行的程序. M 文件包含两类:命令文件和函数文件,都可被别的 M 文件调用.

1.M 文件的建立

从“File”菜单中选择“New”下的“M-file”命令,进入程序编辑器,输入 MATLAB 程序,然后保存,即建立了一个 M 文件.

2.命令 M 文件的编写及其运行

命令文件没有输入参数,也不返回输出参数,只是一些命令行的组合,而且其中的所有变量也成为工作区的一部分.

例 5 在程序编辑器里键入如下程序:

```
x = 4;y = 7;z = 9;
sum = x + y + z
mean = (x + y + z)/3
```

并以名 ex.m 存盘,要运行该 M 文件,只需在命令窗口中键入 ex 即可,程序执行和运行结果为

```
>> ex
sum =
     20
mean =
      6.6667
```

运行 ex.m 文件,应该使该目录处于 MATLAB 的搜索路径上.

3.函数 M 文件及其调用

函数 M 文件能够像库函数一样方便地调用,从而扩展 MATLAB 的功能,其第一行比较特殊,其形式必须为:

function[输出变量列表] = 函数名(输入变量列表)

函数体语句;

当输出变量多于一个时,应该用方括号,输入变量多于一个时应该用逗号隔开,编写完以后,必须以函数名存盘,否则不能被调用,函数 M 文件不能访问工作区中的变量.

例 6 编写下列函数 M 文件,并以名 sci.m 存盘.

```
function y = sci(x)
y = x^2 + 2 * x - 1;
```

调用该函数 M 文件的命令为

```
>> x = 12;
>> y = sci(x)
```

输出结果为

```
y =
```

```
    167
```

例 7 编写下列函数 M 文件,并以名 sc.m 存盘.

```
function [y,z] = sc(x)
y = x(1) * x(2) + x(1)^3;
z = x(1) * x(2) + x(2)^3;
```

注意该函数有多个输出变量和输入变量,调用该函数 M 文件的命令为

```
>> x1 = [3 7];
>> [y1 z1] = sc(x1)
```

输出结果为

```
y1 =
    48
z1 =
    364
```

1.4 MATLAB 数值计算

一、矩阵和向量及其运算

1.矩阵与向量的输入

MATLAB 的基本数据单元是无需指定维数的矩阵,数量可看做 1×1 矩阵,n 维行向量或列向量可看做 $1\times n$ 或 $n\times 1$ 矩阵.输入矩阵的最基本方法是直接输入矩阵的元素,用方括号[ ]表示矩阵,同行元素间用空格或逗号分隔,不同行间用分号或回车分隔,例如:

```
>>clear;A = [1,2,3;4 5 6;7 8 9]
A =
    1     2     3
    4     5     6
    7     8     9

>> A = [1 2 3
4 5 6
7 8 9]
A =
    1     2     3
    4     5     6
    7     8     9

>> clear;B = [0 1 2]
B =
```

```
     0     1     2
```

在 MATLAB 中不需要预先说明矩阵和向量的维数，但是经常要使用维数，为此有两个测量维数大小的函数：

n=length(A)：取出矩阵 A 的行数和列数的最大值.

[m,n]=size(A)：取出矩阵 A 的行数 m 和列数 n.

除了直接输入向量或矩阵的元素来构建向量或矩阵以外，向量和矩阵的生成还有很多快捷的方式，下面介绍其中常见的几种.

2. 向量的快捷生成

(1) 利用冒号":"生成等差数列

冒号":"是 MATLAB 最有用的算子之一，可以用它作为数组下标，来对数组元素进行操作，也可以用来生成向量.

① a=i:j 初值:终值.

如果 i<j，则生成向量 a=[i,i+1,…,j]；

如果 i>j，则生成空向量.

② a=i:k:j 初值:步长:终值.

如果 i<j 且 k>0，或者 i>j 且 k<0，则生成向量步长为 k 的向量 a=[i,i+k,…,j]；

如果 i<j 且 k<0，或者 i>j 且 k>0，则生成空向量.

例 1 利用冒号生成等差数列.

```
X=1:5 %初值:终值
X =
     1     2     3     4     5

>> Y=0:2:10 %初值:步长:终值
Y =
     0     2     4     6     8    10
```

(2) 利用 linspace 函数生成向量

linspace 函数生成线性等分向量，它的功能类似于上面的冒号算子，只是区别在于函数的参数意义不一样，它指定向量的开始值、结束值以及向量的长度.

① a=linspace(i,j).

生成有 100 个元素的行向量，在 i,j 之间等分分布.

② a=linspace(i,j,n).

生成有 n 个元素的行向量，在 i,j 之间等分分布.

(3) 利用 logspace 函数生成向量

该函数生成对数等分向量，也是直接给出向量的长度.

① a=logspace(i,j).

生成有 50 个元素的对数等分行向量,第一个元素是 10^i,最后一个元素是 10^j.

② a=logspace(i,j,n).

生成有 n 个元素的对数等分行向量,第一个元素是 10^i,最后一个元素是 10^j.

③ a=logspace(i,pi).

生成有 50 个元素的对数等分行向量,第一个元素是 10^i,最后一个元素是 pi.

例 2 利用 linspace 和 logspace 生成向量示例.

```
>> x1 = linspace(1.2,5.8,4)
x1 = 1.2000    2.7333   4.2667    5.8000
>> x2 = logspace(1.0,2.9,5)
x2 = 10.0000   29.8538   89.1251  266.0725  794.3282
```

3. 矩阵的快捷生成

(1) 用函数建立矩阵

用于建立矩阵的函数,常见的有:

det(A):行列式计算.

A^T:矩阵的转置,A^T 为 A 的转置. 如果 A 是复数矩阵,那么 A^T 是 A 的复共轭转置.

inv(A):矩阵的逆.

orth(A):正交化.

poly(A):特征多项式.

rank(A):矩阵的秩.

trace(A):矩阵的迹.

zeros(m,n): m 行 n 列的零矩阵.

ones(m,n): m 行 n 列的元素全为 1 的矩阵.

eye(n): n 阶单位矩阵.

d=eig(A),[v,d]=eig(A):特征值与特征向量.

rand(m,n):m 行 n 列均匀分布随机数矩阵.

randn(m,n):m 行 n 列正态分布随机数矩阵.

例 3 设 $A=\begin{bmatrix}2 & 1 & 1\\ 3 & 1 & 2\\ 1 & -1 & 0\end{bmatrix}$,试生成矩阵 A^{-1},A^T,与 A 同阶的单位阵.

解 所用 MATLAB 命令及运行结果为

```
>> A=[2 1 1;3 1 2;1 -1 0];
>> inv(A)
ans =
     1.0000   -0.5000     0.5000
     1.0000   -0.5000   -0.5000
```

```
  -2.0000    1.5000   -0.5000

>> A'
ans =
     2     3     1
     1     1    -1
     1     2     0

>> eye(length(A))
ans =
     1     0     0
     0     1     0
     0     0     1
```

(2) 矩阵的调用

与任何计算机语言一样,MATLAB 用矩阵的名称调用全矩阵,用下标调用矩阵的某个元素.一个重要特点是,MATLAB 可以调用矩阵的子矩阵.

假如 A 是一个已知 10 * 10 的方阵,那么:

A(:,3)是 A 的第 3 列元素构成的列向量;

A(5,:)是 A 的第 5 行元素构成的行向量;

A(1:5,3)是 A 的前 5 行的第 3 列元素构成的列向量;

A(1:5,7:10)是 A 的前 5 行,第 7 到 10 列元素构成的子矩阵;

A([1 3 5],[2 4 6])是 A 的第 1、3、5 行,第 2、4、6 列元素构成的子矩阵;

A(:,7:-1:3)是 A 的第 7、6、5、4、3 列元素构成的子矩阵.

语句 x=[]使得 x 为空矩阵,它可以用于对矩阵进行删除.例如:A(:,[2 4])=[]用于把矩阵 A 的第 2、4 列删除,形成 A 的一个子矩阵.

4. 矩阵运算

(1)矩阵的四则运算

① 矩阵相加减.

同型矩阵相加减等于对应的元素相加减,用符号"+"和"-"表示.任何矩阵都可以和数量相加减,其规则是矩阵的每个元素和数量相加减.

② 矩阵相乘.

矩阵相乘用符号 * 表示,两个矩阵相乘以及数量和矩阵相乘,遵循通常的数学规则.向量的内积用矩阵的乘法来实现.

③ 矩阵相除.

分右除和左除两种,分别用符号"/"和"\"表示.例如,如果 A 和 B 都是 n 阶方阵,并且 A 非奇异,则 $A \backslash B = A^{-1}B$, $B/A = BA^{-1}$.一般说两者不相等,但是右除可以通过左除来实现，因为有 $B/A=(A'\backslash B')'$.

(2)矩阵的乘方

方阵 A 的乘方用符号“^”表示.

当 p 是正整数时，A^p 是 A 的 p 次幂，即：A^$p=A^p$；

当 p 为 0 时，A^0 是单位阵；

当 p 为负数时，只有当 A 非奇异才有意义，例如：A^$(-1)=A^{-1}$，A^$(-2)=A^{-2}$.

当 p 不是整数的时候，方阵的乘方运算涉及矩阵的特征值和特征向量，有兴趣的读者可以查阅相关资料.

例 4 设 $A=\begin{bmatrix}-2 & 4\\ 1 & -2\end{bmatrix}$，$B=\begin{bmatrix}2 & 4\\ -1 & -6\end{bmatrix}$，试求 $A+B$，$A*B$，$B*A$，A^2，AB^{-1}.

解 所用 MATLAB 命令及运行结果为

```
>> A=[-2 4;1 -2];
>> B=[2 4;-1 -6];
>> A+B
ans =
       0       8
       0      -8
>> C=A*B
C =
     -8     -32
      4      16
>> B*A
ans =
         0     0
        -4     8
>> A^2
ans =
       8     -16
      -4       8
>> D=A/B
D =
     -2      -2
      1       1
```

二、多项式的运算

1. 多项式的表示方法及其运算

MATLAB 中使用行向量表示多项式的系数，行向量中的各元素按照多项式的项的次数从高到低排列.例如多项式 $p(x)=x^3-3x+5$ 可以表示成 $p=[1\ 0\ -3\ 5]$.注意这里必须包括具有零系数的项.

求此多项式当 $x=5$ 时的值 $p(5)$,可以用函数 polyval(p,5).其中第一个参数是多项式的系数向量,第二个是自变量的取值(可以是矩阵).

函数 **polyvalm(p,X)**的第二个参数 X 是方阵,求以矩阵为自变量的多项式的值.

函数 **roots(p)**可以找出一个多项式的根.

在 MATLAB 中,无论是一个多项式,还是它的根,都是向量,MATLAB 按惯例规定,多项式是行向量,根是列向量.给出一个多项式的根,也可以构造相应的多项式.在 MATLAB 中,函数 **poly(r)**执行这个任务.

例 5 改变自变量时多项式的取值

```
>> p=[1 0 -3 5]
p =
    1     0    -3     5
>> result=polyval(p,5)          % 自变量为数
result =
        115
>> A=[9 1;6 8;2 7];
>> c=polyval(p,A)               % 自变量为矩阵
c =
    707       3
    203     493
      7     327
>> A=[9 1;6 8];
>> c=polyvalm(p,A)              % 自变量为方阵
c =
     863          220
    1320          643
```

下面是关于求根的例子:

```
>> p=[1 0 -3 5];
>> r=roots(p)
r =
    -2.2790
      1.1395 + 0.9463i
      1.1395 - 0.9463i
```

将矩阵 r 作为根,创建多项式 q,命令及结果为

```
>> q=poly(r)
q =
```

```
   1.0000    0.0000   -3.0000    5.0000
```

因为 MATLAB 处理复数,当用根重组多项式时,如果一些根有虚部,由于截断误差,则 poly 运行的结果有一些小的虚部,这是很普遍的.要消除虚假的虚部,只要使用函数 real 抽取实部即可.

2.常见的多项式函数

(1) 函数 conv 支持多项式乘法

例 6 求 $a(x)=x^3+2x^2+3x+4$ 和 $b(x)=x^3+4x^2+9x+16$ 的乘积.

```
>> a=[1 2 3 4];b=[1 4 9 16];
>> c=conv(a,b)
c =
   1    6    20    50    75    84    64
```

(2) 多项式加法

对多项式加法,MATLAB 不提供一个直接的函数.如果两个多项式向量维数相同,则标准的数组加法有效.例如,把例 6 中的多项式 $a(x)$与 $b(x)$相加:

```
>> d=a+b
d =
   2    6    12    20
```

结果是 $d(x)=2x^3+6x^2+12x+20$.当两个多项式阶次不同,低阶的多项式必须用首零填补,使其与高阶多项式有同样的阶次.例如

```
>> e=c+[0 0 0 d]
e =
   1    6    20    52    81    96    84
```

结果是 $e(x)=x^6+6x^5+20x^4+52x^3+81x^2+96x+84$.要求首部加零而不是尾部加零,是因为相关的系数像 x 幂一样,必须整齐.

(3)一个多项式除以另一个多项式

在 MATLAB 中,这由函数 deconv 完成,格式为

[g,r]=deconv(c,b)

表示 c 除以 b,给出商多项式 g 和余数 r,若 r 是零,则 b 和 g 的乘积恰好是 c.

例 7 用例 6 中的多项式 b 和 c,求它们的商.

```
>> [g,r]=deconv(c,b)
g =
   1    2    3    4
r =
   0    0    0    0    0    0    0
```

(4)多项式的求导函数 polyder

例 8 对于一个新的多项式 g 求导

```
>> g = [1 6 20 48 69 72 44]
g =
    1     6     20     48     69     72     44
>> h = polyder(g)
h =
    6     30     80     144     138     72
```

三、求函数的极值和零点

1. 求解一元函数的最小值

可以通过函数 fminbnd 来求一元函数 $y=f(x)$在指定区间$[a,b]$上的函数局部极小值,该函数返回函数在极小值点时自变量 x 的值,调用格式为

x = fminbnd('fun',a ,b)

例 9 求 humps 函数在开区间(0.3,1)内的最小值. humps 是 MATLAB 内置的 M 文件函数,实际上是 y=1/((x-0.3)^2+0.01)+1/((x-0.9)^2+0.04)-6.

```
>> x = fminbnd('humps',0.3,1)
x =
    0.6370
```

如果该函数比较简单,编写函数 M 文件较为麻烦,另外一种简单的输入为

```
>>f = inline('sin(x)+3'); %用内联函数表达
>> x = fminbnd(f,2,5)
x =
    4.7124
```

2. 求解多元函数的最小值

函数 fminsearch 用于求多元函数在向量 x_0 附近的最小值. 它指定一个开始的向量(x_0),并非指定一个区间. 此函数返回一个向量,为此多元函数局部最小函数值对应的自变量的取值,调用格式为

x = fminsearch('fun',x0)

例 10 把一个 3 个自变量的函数创建在一个 M 文件里.

```
% three.m
function b = three(v)
x = v(1);
y = v(2);
z = v(3);
b = x * x + 2.5 * sin(y) - z * z * x * y * y;
```

求这个函数在[1,-1,0]点附近的最小值可以得到:

```
>> v = [1 -1 0];
```

```
>> fminsearch('three',v)
ans =
      -0.0000   -1.5708    0.0008
```

也可简单输入如下：

```
f='x(1)^2+2.5*sin(x(2))-x(3)^2*x(1)*x(2)^2';
>> x=fminsearch(f,[1 -1 0]),f=eval(f)
x =
    -0.0000   -1.5708    0.0008  %函数的最小值点
f =
    -2.5000                      %函数的最小值
```

3.求函数的零点

正如人们对寻找函数的极值点感兴趣一样,有时寻找函数的零点或等于其他常数的点也非常重要.一般试图用解析的方法寻找这类点非常困难,而且很多时候是不可能的.所以最终还是借助于数值方法求解.在 MATLAB 中使用 fzero 可以找到函数的零点,调用格式为

x= fzero(fun,x0)

寻找零点可以指定一个开始的位置,或者指定一个区间.如果指定一个开始点,函数首先在开始点附近寻找一个使函数值变号的区间,如果不存在,则返回 NaN.如果知道函数值在某个区间上变号,则可以把这个区间作为参数.

例 11　仍然考虑 humps 函数,把[1 2]作为函数的参数,命令及结果为

```
>> fzero('humps',[1 2])
ans =
        1.2995
```

1.5　MATLAB 图形功能

一、二维图形的绘制

MATLAB 提供了大量的用于绘制图形、标注图形以及输出图形等的基本指令.下面列出的指令只是其中的几例：

- plot:在(x,y)坐标下绘制二维图形.
- fplot:二维数值函数曲线的专用命令.
- plot3:在(x,y,z)坐标下绘制三维图形.
- loglog:在(x,y)对数坐标下绘制二维图形.
- semilogx:在 x 为对数坐标、y 为线性坐标的二维坐标中绘图.
- semilogy:在 x 为线性坐标、y 为对数坐标的二维坐标中绘图.
- plotyy:在有左右两个 y 轴的坐标下绘图.

1.基本的绘图命令

1) plot(y) 当 y 为向量时,是以 y 的分量为纵坐标,以元素序号为横坐标,用直线依次连接数据点绘制曲线.若 y 为实矩阵,则按列绘制每列对应的曲线,图中曲线数等于矩阵的列数.

2) plot(x,y) 用法同上,只是这时作图的基准是 x 向量,而非 y 向量中各元素的序号;若 x 也为矩阵,则沿 x 矩阵的列方向将矩阵看做一个一个的向量,以各向量为基准,逐一将 y 向量绘制到同一幅图中;若 x、y 均为矩阵,则以 x 矩阵中各列向量为基准,在同一幅图中做出 y 中对应列向量的图形.

3) plot(x1,y1,x2,y2,...) 在此格式中,每对 x,y 必须符合 plot(x,y)中的要求,不同对之间没有影响,命令对每一对 x,y 绘制曲线.

例 1　做出 $y=\sin x$ 在$[0,2\pi]$上的图形,结果见图 1.9.

```
>>x = linspace(0,2 * pi,30);
>>y = sin(x); plot(x,y)
```

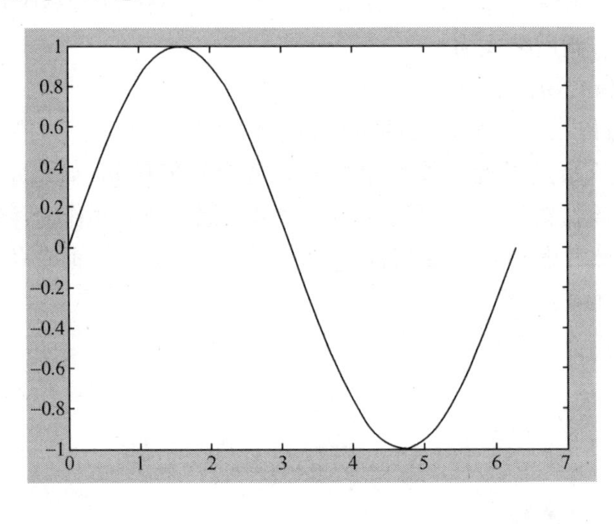

图 1.9

例 2　在同一个坐标系下做出两条曲线 $y=\sin x$ 和 $y=\cos x$ 在$[0,2\pi]$上的图形.

```
>> x = 0:2 * pi/30:2 * pi;y = [sin(x);cos(x)];
>> plot(x,y);
```

或者:

```
>> x = 0:2 * pi/30:2 * pi;y1 = sin(x);y2 = cos(x);
>> plot(x,y1,x,y2);
```

都可得到图 1.10.

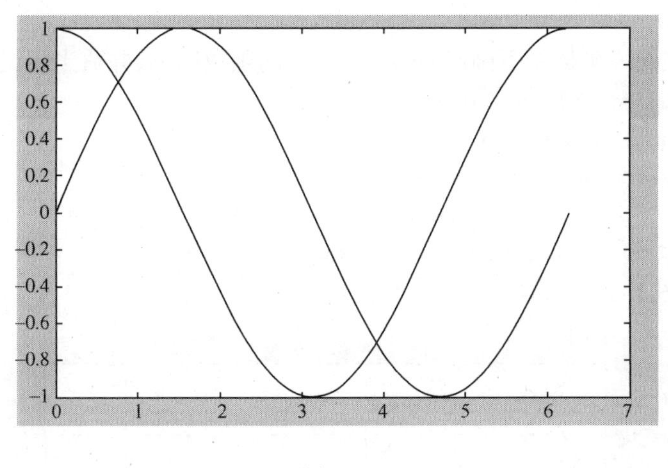

图 1.10

2. 基本的绘图控制

在调用 plot 时可以指定颜色、线型和数据点图标,基本的调用格式为

plot(x,y,′color-linestyle-marker′)

其中 color-linestyle-marker 为一个字符串,由颜色、线型和数据点图标组成.例如,命令 plot(x,y, ′y:o′),其中字符串"y:o"中,第一个字符"y"表示曲线颜色为黄色;第二个字符":"表示曲线为点线;第三个字符"o"表示曲线上每个数据点处用小圆圈标出.当只指定数据点图标时,数据点将不连成线,而只画出一个个孤立的数据点.字符串参数的取值如下:

颜色:y(黄);r(红);g(绿);b(蓝);w(白);k(黑);m(紫);c(青).

线型:-(实线);:(点线);-.(虚点线);--(虚线).

数据点图标:.(小黑点);+(加号);*(星号);o(小圆圈);pentagram(五角星).

坐标系的控制:不特别指定时,MATLAB 自动指定图形的横纵坐标比例和显示的范围,如果不满意,可用 axis 命令来控制,常用的有:

axis([xmin xmax ymin ymax]) [ ]中分别给出 x 轴和 y 轴的最小、最大值

axis equal x 轴和 y 轴的单位长度相同

axis square 图框呈方形

axis off 取消坐标轴

3. 图形标注

MATLAB 提供了标注图形的命令,常用的有 xlabel,ylabel 和 zlabel,它们分别用于对 x,y,z 轴加标注;title 用于给整个图形加标题;text 和 gtext 用于在图形中特定的位置加字符串,前者字符串的位置在命令中指定,后者用鼠标指定;grid 在

图形上加网格.

例 3 在同一坐标系下画出 $\sin x$ 和 $\cos x$ 的函数图形,并适当标注.

```
>> x = linspace(0,2 * pi,30);y = [sin(x);cos(x)];
>> plot(x,y);grid;xlabel('x');ylabel('y');
>> title('sine and cosine curves');
>> text(3 * pi/4,sin(3 * pi/4),'\ leftarrowsinx');
>> text(2.55 * pi/2,cos(3 * pi/2),'cosx \ rightarrow')
```

结果见图 1.11.

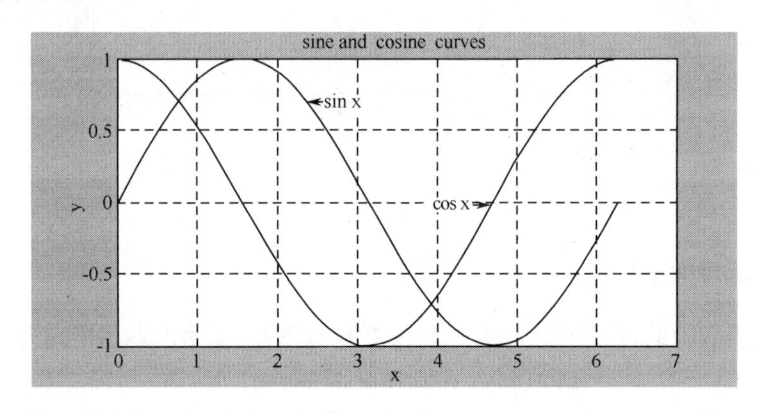

图 1.11

4. 多幅图形

subplot(m,n,p)可在同一个图形窗口中,画出多幅不同图形,用法见下例.

```
>> x = linspace(0,2 * pi,30);y = sin(x);z = cos(x);u = 2 * sin(x). * cos(x);
v = sin(x). /cos(x);
>> subplot(2,2,1),plot(x,y),title('sin(x)')
>> subplot(2,2,2),plot(x,z),title('cos(x)')
>> subplot(2,2,3),plot(x,u),title('2sin(x)cos(x)')
>> subplot(2,2,4),plot(x,v),title('sin(x)/cos(x)')
```

结果见图 1.12.

二、三维图形

1. 空间曲线

例 4 作螺旋线 $x=\sin t, y=\cos t, z=t$

```
>> t = 0:pi/50:10 * pi;
>> plot3(sin(t),cos(t),t)
```

结果见图 1.13.

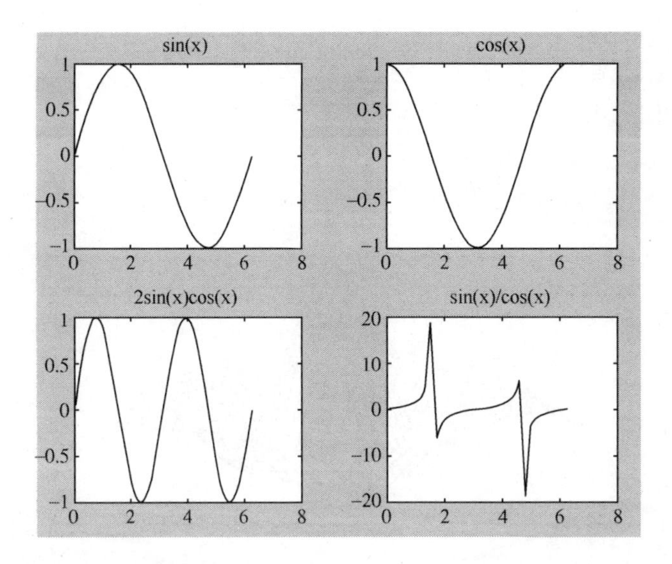

图 1.12

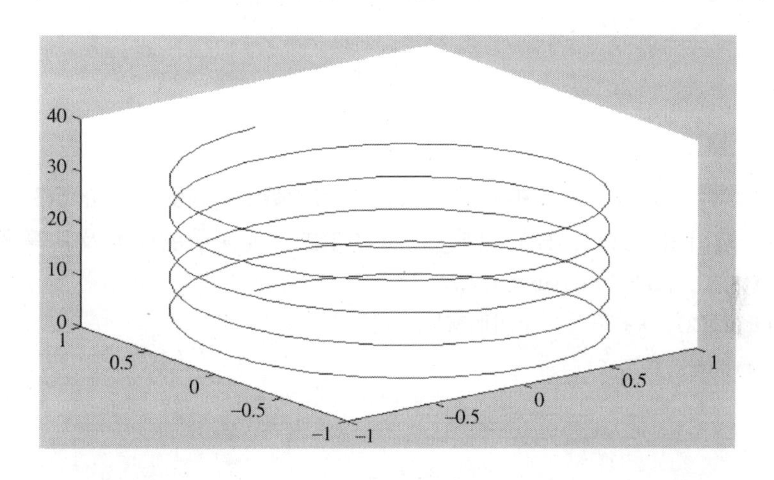

图 1.13

2.带网格的曲面

命令为

```
[X,Y] = meshgrid(x,y);mesh(X,Y,Z); surf(X,Y,Z)
```

例 5　作曲面 $z=f(x,y)$的图形，$z=\dfrac{\sin\sqrt{x^2+y^2}}{\sqrt{x^2+y^2}}$，$-7.5\leqslant x\leqslant 7.5$.

```
>> x = -7.5:0.5:7.5;y = x;
>> [X,Y] = meshgrid(x,y);
>> R = sqrt(X.^2 + Y.^2) + eps;
```

```
>> Z = sin(R)./R;
>> mesh(X,Y,Z)
```

结果见图 1.14.

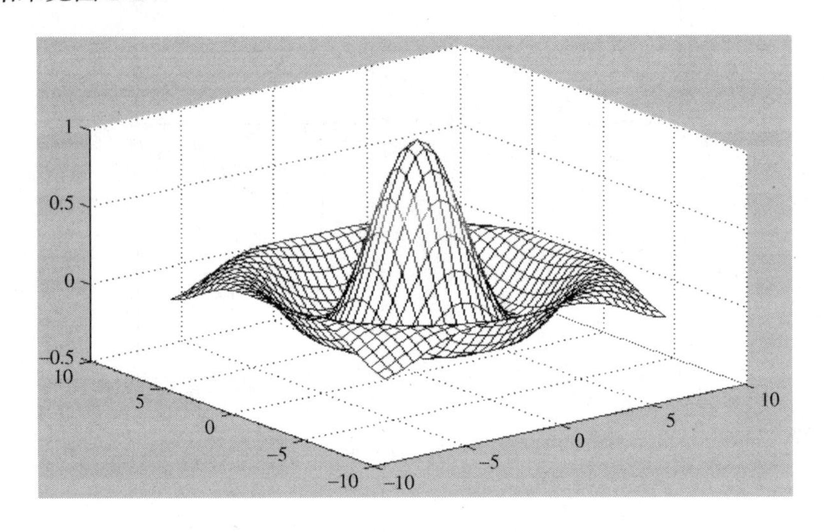

图 1.14

3. 等高线

MATLAB 还提供了画二维和三维等高线的函数 contour 和 contour3.

例 6 做出由 MATLAB 的函数 peaks 产生的二元函数的曲面及其等高线图.

```
>> [X,Y,Z] = peaks(30);surf(X,Y,Z);
>> figure(2); % 打开另一个图形窗口
>> contour(X,Y,Z,16);
```

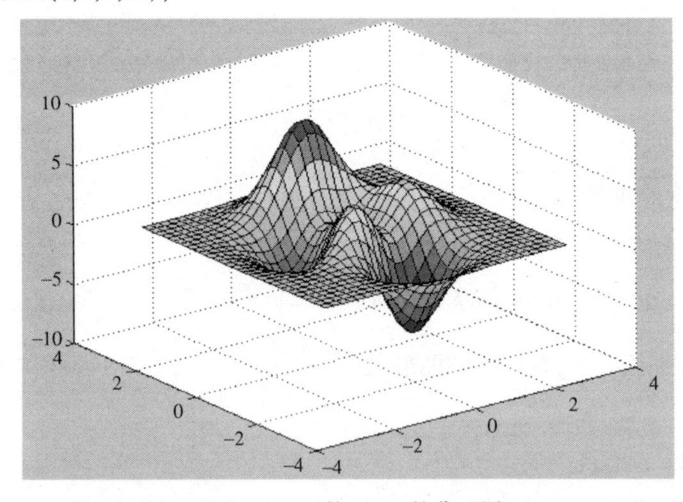

图 1.15　函数 peaks 的曲面图

```
>> figure(3);contour3(X,Y,Z,16)
```

输出的三个图形见图 1.15 到 1.17.

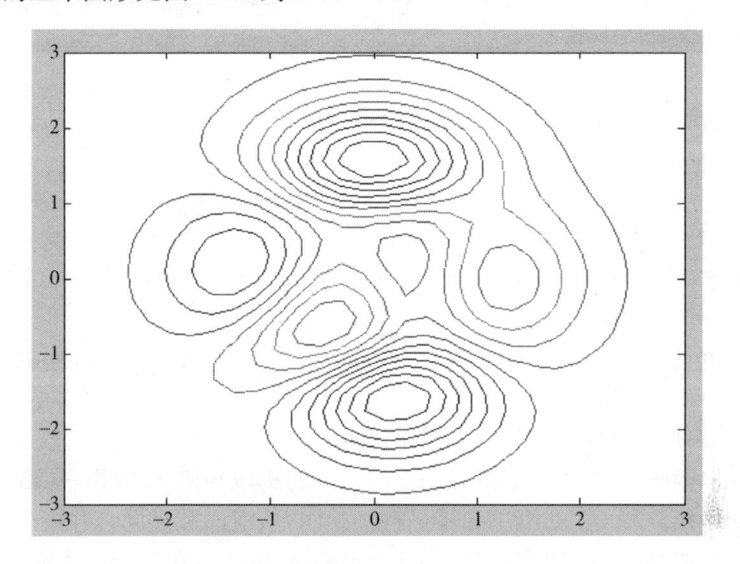

图 1.16　函数 peaks 的等高线图

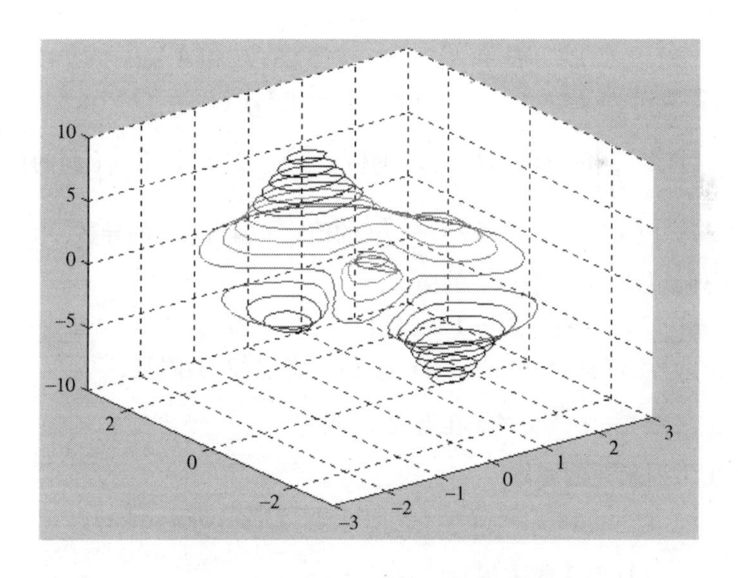

图 1.17　函数 peaks 的三维等高线图

习 题 一

1. 尝试、熟悉 MATLAB 的各菜单栏和工具栏的功能及通用命令(如 dir、

which、who 等).

2. 分别用 help、lookfor 命令查找函数 log 的帮助信息,比较其不同.

3. 在命令窗口中键入表达式 $z=x^2+e^{x+y}-y\ln x-3$,并求 $x=2,y=4$ 时 z 的值.

4. 用循环语句编写函数 M 文件计算 e^x 的值,其中 x,n 为输入变量(n 为正整数),e^x 的近似值可用下式表示:

$$e^x \approx 1+x+\frac{1}{2!}x^2+\cdots+\frac{1}{n!}x^n$$

5. 在命令窗口中分别利用冒号":"和函数 linspace 生成向量 $\alpha=(10\ 9\ \cdots\ 1)$.

6. 已知 $A=\begin{bmatrix}4 & -2 & 2\\ -3 & 0 & 5\\ 1 & 5 & 3\end{bmatrix}$,$B=\begin{bmatrix}1 & 3 & 4\\ -2 & 0 & -3\\ 2 & -1 & 1\end{bmatrix}$,在 MATLAB 命令窗口中建立 A、B 矩阵并对其进行以下操作:

(1)提取矩阵 A 的第一、第三行; (2)提取矩阵 B 的第一、第二列;

(3)交换矩阵 A、B 的第一和第二行; (4)从横向和纵向合并矩阵 A 和 B;

(5)构建矩阵 C,C 的第一,第二行由矩阵 A 的第一和第二行的第一和第二列元素构成,C 的第三,第四行由矩阵 B 的第二和第三行的第二和第三列元素构成.

7. 由题 6 中矩阵 A 和 B,试进行以下运算:

(1)$2A-B$; (2)$A*B$ 和 $A.*B$; (3)A/B 和 $A\backslash B$; (4)$A.\hat{}B$.

8. 已知多项式 $f(x)=3x^5-x^4+2x^3+x^2+3$,$g(x)=2x^4+x^2+x-1$,求:

(1)$x=\begin{bmatrix}2 & 5\\ 3 & -6\end{bmatrix}$时 $f(x)$和 $g(x)$的值; (2)$f(x)$和 $g(x)$的根;

(3)$f(x)+g(x)$,$f(x)\hat{}g(x)$,$\dfrac{f(x)}{g(x)}$的值; (4)$f(x)$的导数.

9. 求下列函数在给定条件下的极值.

(1)$y=x^3-3x^2+6x-2(-1\leqslant x\leqslant 1)$;

(2)$f(x,y)=x^2+y^2-3x-2y+xy+6$,在点(2,3)附近;

(3)$f(x,y)=xy+\dfrac{6}{x}+\dfrac{6}{y}$,在点(2,2)附近.

10. 做出下列函数的图像.

(1)$y(x)=x^2\sin(x^2-x-2)$,$-2\leqslant x\leqslant 2$(分别用 plot、fplot);

(2)$\dfrac{x^2}{4}+\dfrac{y^2}{16}=1$(用参数方程);

(3)$z=(x^2-2x)e^{-x^2-y^2-xy}$,$(-3\leqslant x\leqslant 3,\ -2\leqslant y\leqslant 2)$(绘网格图、二维和三维等高线图).

第二章　线性代数方法

矩阵是人们用数学方法解决实际问题的重要工具,MATLAB 主要通过矩阵的运算求解线性代数的有关问题.本章结合 MATLAB 的计算机操作及输出结果,介绍线性代数中的矩阵初等变换、线性方程组的解结构、向量组的线性相关性分析、矩阵的特征值与特征向量.常用的 MATLAB 命令见表 2.1.

表 2.1　常用的 MATLAB 命令

命令	说明
d=eig(A),[v,d]=eig(A)	特征值和特征向量
det(A)	行列式计算
inv(A)	矩阵的逆
orth(A)	正交化
poly(A)	特征多项式
rank(A)	矩阵的秩
trace(A)	矩阵的迹
zeros(m,n)	m 行 n 列零矩阵
ones(m,n)	m 行 n 列全 1 矩阵
eye(n)	N 阶单位矩阵
rand(m,n)	m 行 n 列的均匀分布随机数矩阵
randn(m,n)	m 行 n 列的均匀分布随机数矩阵
rref(A)	化矩阵为最简阶梯形矩阵

2.1　矩阵的初等变换

一、矩阵的初等行变换

矩阵的初等变换分行变换和列变换,运算将原矩阵化为另一矩阵.本节介绍如何在 MATLAB 下通过初等变换求矩阵的秩与逆矩阵.

例 1　求矩阵 $A=\begin{bmatrix} 1 & -2 & -1 & 0 & 2 \\ -2 & 4 & 2 & 6 & -6 \\ 2 & -1 & 0 & 2 & 3 \\ 3 & 3 & 3 & 3 & 4 \end{bmatrix}$ 的秩.

解　利用行初等变换求矩阵 A 的秩,MATLAB 程序如下:

计算机模拟实验程序

```
A=[1 -2 -1 0 2;-2 4 2 6 -6;2 -1 0 2 3;3 3 3 3 4];   %输入矩阵数据
A(2,:)=A(2,:)+2*A(1,:);   %将第一行乘2加到第二行
A(3,:)=A(3,:)-2*A(1,:);   %将第一行乘-2加到第三行
A(4,:)=A(4,:)-3*A(1,:);   %将第一行乘-3加到第四行
A([2 3],:)=A([3 2],:);   %交换第二行和第三行数据
A([3 4],:)=A([4 3],:);   %交换第三行和第四行数据
A(3,:)=A(3,:)-3*A(2,:);   %将第二行乘-3加到第三行
A(4,:)=A(4,:)+2*A(3,:);   %将第三行乘2加到第四行
A
```

```
运行结果为
A =
     1    -2    -1     0     2
     0     3     2     2    -1
     0     0     0    -3     1
     0     0     0     0     0
```

可见 $R(A)=3$.

也可直接用命令 rank 求矩阵的秩,命令为

```
>> A=[1 -2 -1 0 2;-2 4 2 6 -6;2 -1 0 2 3;3 3 3 3 4];rank(A)
```

运行结果为

```
ans =

     3
```

例 2　求矩阵 $A=\begin{bmatrix}3&4&4\\2&2&1\\1&2&2\end{bmatrix}$ 的逆.

解　利用行初等变换求矩阵 A 的逆,MATLAB 程序如下:

计算机模拟实验程序

```
A=[3 4 4;2 2 1;1 2 2];E=eye(3);   %E矩阵为3阶单位阵
C=[A E]
C([1 3],:)=C([3 1],:);
```

```
C(2,:) = C(2,:) - 2 * C(1,:);
C(3,:) = C(3,:) - 3 * C(1,:);
C(1,:) = C(1,:) + C(2,:);
C(3,:) = C(3,:) - C(2,:);
C(1,:) = C(1,:) + C(3,:);
C(2,:) = C(2,:) + 3 * C(3,:);
C(2,:) = - (1/2) * C(2,:);
format rat          % 分数数据格式
C
C(:,[4 5 6])
```

```
运行结果为
C =
     3     4     4     1     0     0
     2     2     1     0     1     0
     1     2     2     0     0     1
C =
     1     0     0      1      0     -2
     0     1     0   -3/2      1    5/2
     0     0     1      1     -1     -1
矩阵的逆为
ans =
        1        0       -2
     -3/2        1      5/2
        1       -1       -1
```

也可直接用命令 inv 求矩阵的逆,命令为

```
>> A = [3 4 4;2 2 1;1 2 2];
>> format rat
>> inv(A)
```

二、化矩阵为最简阶梯形矩阵的命令

可用命令 rref 将例 1 中的矩阵 A 化为最简阶梯形,可输入如下的命令:

```
>> A = [1 -2 -1 0 2;-2 4 2 6 -6;2 -1 0 2 3;3 3 3 3 4];
>> format rat % 分数数据格式
>> rref(A) % 化简矩阵
```

```
运行结果为
ans =
     1      0      1/3      0      16/9
     0      1      2/3      0      -1/9
     0      0      0        1      -1/3
     0      0      0        0      0
```

2.2 向量组的线性相关性分析

一、向量组的线性相关性判别

向量组的线性相关性是向量组数据结构所表现的性质,向量组是否线性相关是由它本身的数据决定的.

定义 设有 m 个 n 维向量 $\alpha_1,\alpha_2,\cdots,\alpha_m$,如果存在 m 个不全为零的一组数 $\lambda_1,\lambda_2,\cdots,\lambda_m$ 使

$$\lambda_1\alpha_1+\lambda_2\alpha_2+\cdots+\lambda_m\alpha_m=0$$

成立,则称向量组 $\alpha_1,\alpha_2,\cdots,\alpha_m$ 是线性相关的;如果仅当 $\lambda_1=\lambda_2=\cdots=\lambda_n=0$ 时,才有上面等式成立,则称向量组 $\alpha_1,\alpha_2,\cdots,\alpha_m$ 是线性无关的.

例 1 讨论向量组 $\alpha_1=(1\ 3\ 3\ 2)$,$\alpha_2=(2\ 6\ 9\ 5)$,$\alpha_3=(-1\ \ -3\ 3\ 0)$的线性相关性.

解 将向量组中向量按列向量排成矩阵并用命令 rref 化简,输入如下的 MATLAB 命令:

```
>> A=[1 3 3 2;2 6 9 5;-1 -3 3 0];
>> A=A';
>> format rat
>> rref(A)
```

```
运行结果为
ans =
     1      0      -5
     0      1       2
     0      0       0
     0      0       0
```

因其对应的阶梯阵的秩为 2 小于 3,故向量组 $\alpha_1,\alpha_2,\alpha_3$ 线性相关.

例 2 判断向量组 $\alpha_1=(1\ 2\ 0\ 1)$, $\alpha_2=(1\ 3\ 0\ -1)$, $\alpha_3=(-1\ -1\ 1\ 0)$是否线性相关,并求秩.

解 将向量组中向量按列向量排成矩阵并用命令 rref 化简,输入如下的 MATLAB 命令:

```
>> A=[1 2 0 1;1 3 0 -1;-1 -1 1 0];
>> A=A';
>> format rat
>> rref(A)
```

```
运行结果为
ans =
      1      0      0
      0      1      0
      0      0      1
      0      0      0
```

可见最简矩阵的秩为 3,故向量组 $\alpha_1,\alpha_2,\alpha_3$ 线性无关.

二、向量组的最大无关组

对于一个线性相关的向量组 T,我们需要研究 T 中最多有多少个向量是线性无关的,由此引出最大无关组概念.向量组 T 的最大无关组 $\alpha_1,\alpha_2,\cdots,\alpha_r$ 有以下特点:

1) $\alpha_1,\alpha_2,\cdots,\alpha_r$ 是 T 的一个部分组,且是线性无关的;

2) T 中任何一个向量都能被最大无关组线性表示;

3) 最大无关组所含向量的个数 r 称为向量组 T 的秩.

例 3 求下列向量组的秩和一个最大线性无关组,并将其余向量用该最大无关组线性表示.

$\alpha_1=(2\ -1\ 3\ 5)$, $\alpha_2=(4\ -3\ 1\ 3)$, $\alpha_3=(3\ -2\ 3\ 4)$,

$\alpha_4=(4\ -1\ 15\ 17)$, $\alpha_5=(7\ -6\ -7\ 0)$,

解 将向量组中向量按列向量排成矩阵并用命令 rref 化简,输入 MATLAB 命令如下:

```
>> A=[2 -1 3 5;4 -3 1 3; 3 -2 3 4;4 -1 15 17;7 -6 -7 0];
>> A=A';
>> format rat
>> rref(A)
```

运行结果为

```
ans =
     1     0     0     2     1
     0     1     0    -3     5
     0     0     1     4    -5
     0     0     0     0     0
```

矩阵 ans 中有 3 个不全为零的行向量，所以矩阵 A 的秩为 3. 最简矩阵第一列、第二列和第三列的三个列向量线性无关，所以对应于原矩阵 A 的前三个行向量线性无关，即原向量组中一个最大无关组为 α_1, α_2 和 α_3.

矩阵 ans 中第四、五列中分别有三个非零元素，可将 α_4 和 α_5 线性表示为

$$\alpha_4 = 2\alpha_1 - 3\alpha_2 + 4\alpha_3, \alpha_5 = \alpha_1 + 5\alpha_2 - 5\alpha_3$$

2.3 线性方程组的解结构

一、齐次线性方程组的解结构

齐次线性方程组的矩阵形式为

$$AX = 0$$

其中，A 是 $m \times n$ 阶矩阵；X 是未知向量. 显然，n 维零向量是齐次线性方程组的解. 当齐次线性方程组有惟一解时，解就是零向量. 若 $m = n$，则此时系数矩阵 A 的行列式非零.

当 $m = n$ 时，如果 A 的行列式为零，则齐次线性方程组 $AX = 0$ 有非零解. 非零解由齐次线性方程组的基础解系表示.

齐次线性方程组的基础解系有如下特点：

1) 如果矩阵 A 的秩为 $r(r < n)$，则基础解系含 $n - r$ 个向量；

2) 基础解系 $\varepsilon_1, \varepsilon_2, \cdots, \varepsilon_{n-r}$ 是一组线性无关的向量组；

3) 基础解系 $\varepsilon_1, \varepsilon_2, \cdots, \varepsilon_{n-r}$ 中的每一个向量都是该齐次线性方程组的非零解；

4) 齐次线性方程组 $AX = 0$ 的任一解向量 X 均可由基础解系线性表示.

由基础解系的特点可知，齐次线性方程组 $AX = 0$ 的通解可表示为基础解系的线性组合，即

$$X = k_1\varepsilon_1 + k_2\varepsilon_2 + \cdots + k_{n-r}\varepsilon_{n-r}$$

这就是齐次线性方程组的解结构.

例 1 判别方程组

$$\begin{cases} x + 2y - z = 0 \\ 2x + 5y + 2z = 0 \\ x + 4y + 7z = 0 \\ x + 3y + 3z = 0 \end{cases}$$

有无非零解,若有,写出其通解.

解 在MATLAB中输入该方程组的系数矩阵 A 并将它化为最简行阶梯形矩阵,所用命令如下:

```
>> A=[1 2 -1;2 5 2;1 4 7;1 3 3];
>> rref(A)
```

```
运行结果为
ans =
      1        0       -9
      0        1        4
      0        0        0
      0        0        0
```

解 由阶梯形矩阵可知 $R(A)=2<3$,所以齐次线性方程组有非零解,即有无穷多个.

由阶梯形矩阵得化简后的方程组

$$\begin{cases} x-9z=0 \\ y+4z=0 \end{cases}$$

由 z 为自由未知量,扩充方程为

$$z=z$$

整理成向量形式为

$$\begin{bmatrix} x \\ y \\ z \end{bmatrix}=z\begin{bmatrix} 9 \\ -4 \\ 1 \end{bmatrix}$$

所以该齐次线性方程组通解的参数形式为

$$\begin{bmatrix} x \\ y \\ z \end{bmatrix}=k\begin{bmatrix} 9 \\ -4 \\ 1 \end{bmatrix}$$

其中 k 为任意实数.

例2 用基础解系表示齐次线性方程组

$$\begin{cases} x_1+x_2+x_3+x_4+x_5=0 \\ 3x_1+2x_2+x_3+x_4-3x_5=0 \\ x_2+2x_3+2x_4+6x_5=0 \\ 5x_1+4x_2+3x_3+3x_4-x_5=0 \end{cases}$$

的通解.

解 所用MATLAB命令及运行结果为

```
>> A=[1 1 1 1 1;3 2 1 1 -3;0 1 2 2 6;5 4 3 3 -1];
```

```
>> format rat              % 指定有理格式输出
>> B = null(A, 'r')        % 求其基础解系
B =

        1        1        5
       -2       -2       -6
        1        0        0
        0        1        0
        0        0        1

>> syms k1 k2 k3           % 定义符号参数
>> X = k1 * B(:,1) + k2 * B(:,2) + k3 * B(:,3)

X =
     [         k1 + k2 + 5 * k3]
     [ -2 * k1 - 2 * k2 - 6 * k3]
     [                       k1]
     [                       k2]
     [                       k3]
```

即 $X=k_1\begin{pmatrix}1\\-2\\1\\0\\0\end{pmatrix}+k_2\begin{pmatrix}1\\-2\\0\\1\\0\end{pmatrix}+k_3\begin{pmatrix}5\\6\\0\\0\\1\end{pmatrix}$ 为方程组的通解，其中 k_1,k_2,k_3 为任意实数.

二、非齐次线性方程组的解结构

记非齐次线性方程组为

$$AX = b$$

其中，A 是 $m\times n$ 阶矩阵；X 是未知向量；b 是 m 维已知向量（$b\neq0$ 称为右端向量）.非齐次线性方程组分有解和无解两大类，当方程组有解时又分有惟一解和有穷多组解两类.若 A 可逆，则 $X=A^{-1}b$.

定理 设非齐次线性方程组 $AX=b$ 有无穷多组解，若已知一个特解为 η，而对应的齐次线性方程组 $AX=0$ 的基础解系为 $\varepsilon_1,\varepsilon_2,...,\varepsilon_{n-r}$，则非齐次线性方程组 $AX=b$ 的通解为

$$X = \eta + k_1\varepsilon_1 + k_2\varepsilon_2 + \cdots + k_{n-r}\varepsilon_{n-r}$$

上式说明，非齐次线性方程组的通解由非齐次线性方程组的一个特解和对应的齐次线性方程组的通解迭加而成.这就是非齐次线性方程组的解结构.

例 3 求解方程组

$$\begin{cases}2x_1 + x_2 + x_3 = 3\\3x_1 + x_2 + 2x_3 = 3\\x_1 - x_2 = -1\end{cases}$$

解 在 MATLAB 中输入系数矩阵及常数项列向量,并检验系数矩阵是否可逆,所用命令及结果如下

```
>> A=[2 1 1;3 1 2;1 -1 0];
>> b=[3 3 -1]';
>> det(A) %检验矩阵A是否可逆
ans =

     2
```

系数矩阵行列式的值等于2,是可逆的,则可用矩阵相除来求解

```
>> X=A\b
X =

     1
     2
    -1
```

即是原方程组的解.

例4 求解方程组

$$\begin{cases}x_1 + x_2 - 3x_3 - x_4 = 1\\3x_1 - x_2 - 3x_3 + 4x_4 = 4\\x_1 + 5x_2 - 9x_3 - 8x_4 = 0\end{cases}$$

解 先用 MATLAB 函数 null 求出对应的齐次方程组的基础解系,再利用其系数矩阵的上、下三角阵求出该方程组的一个特解,这样即可得到该方程组的通解,程序如下:

计算机模拟实验程序

```
A=[1 1 -3 -1;3 -1 -3 4; 1 5 -9 -8];
b=[1 4 0]';
format rat
C=null(A,'r');          %求一基础解系
[L,U]=lu(A);            %A=LU,L为上三角阵,U为下三角阵
X0=U\(L\b)              %用LU求出一个非其次方程组的特解
syms k1 k2
X=k1*C(:,1)+k2*C(:,2)+X0
```

```
运行结果为
X0 =                    X =
      0                    [ 3/2*k1-3/4*k2]
      0                    [ 3/2*k1+7/4*k2]
   -8/15                   [         k1-8/15]
    3/5                    [          k2+3/5]
```

即

$$X = k_1\begin{pmatrix}3/2\\3/2\\1\\0\end{pmatrix} + k_2\begin{pmatrix}-3/4\\7/4\\0\\1\end{pmatrix} + \begin{pmatrix}0\\0\\-8/15\\3/5\end{pmatrix}$$

为该非齐次方程组的通解,其中 k_1,k_2 为任意实数.

2.4 矩阵的特征值与特征向量

一、矩阵的特征值与特征向量

定义 设 A 是 n 阶方阵,λ 是一个数.如果存在非零的列向量 X,使得

$$AX = \lambda X$$

成立,则称数 λ 为方阵 A 的特征值,非零列向量 X 称为方阵 A 的属于特征值 λ 的一个特征向量.

用 MATLAB 的命令 eig 可以求出矩阵 A 的特征值和特征向量.

命令 eig 的使用方法有两种:

只求 A 的特征值用命令 eig(A);求特征值和特征向量用命令[v d]=eig(A).

例 1 求矩阵 $A=\begin{bmatrix}4 & 6 & 0\\-3 & -5 & 0\\-3 & -6 & 1\end{bmatrix}$ 的特征值与特征向量.

解 用命令 eig 求解,MATLAB 命令为

```
>>A=[4 6 0;-3 -5 0;-3 -6 1];
>> [v d]=eig(A)
```

```
运行结果为
v =                                        d =
     0         0.5774    -0.8944               1     0     0
     0        -0.5774     0.4472               0    -2     0
     1.0000   -0.5774     0                    0     0     1
```

矩阵 d 的对角元素分别为三个特征值 $\lambda_1=1,\lambda_2=-2,\lambda_3=1$，矩阵 v 的三个列向量表示与三个特征值对应的三个特征向量.

二、矩阵的相似对角化

如果 3 阶方阵 A 有三个线性无关的特征向量 $\alpha_1,\alpha_2,\alpha_3$，对应的特征值为 $\lambda_1,\lambda_2,\lambda_3$，现定义两个矩阵如下

$$P = [\alpha_1\ \alpha_2\ \alpha_3]$$

$$\Lambda = \begin{bmatrix} \lambda_1 & & \\ & \lambda_2 & \\ & & \lambda_3 \end{bmatrix}$$

将下面三个等式

$$A\alpha_1 = \lambda_1\alpha_1, A\alpha_2 = \lambda_2\alpha_2, A\alpha_3 = \lambda_3\alpha_3$$

写成矩阵形式

$$AP = P\Lambda \text{ 或 } A = P\Lambda P^{-1}$$

这说明矩阵 A 与对角矩阵 Λ 相似.利用特征向量和特征值的方法可以求得 A 的相似对角矩阵.矩阵的相似对角化方法可用于计算一个矩阵的方幂.

例 2 化方阵 $A=\begin{bmatrix} 4 & 6 & 0 \\ -3 & -5 & 0 \\ -3 & -6 & 1 \end{bmatrix}$ 为对角阵.

解 用命令 eig 求出方阵 A 的特征向量并判断其相关性，MATLAB 命令为

```
>>A=[4 6 0;-3 -5 0; -3 -6 1];
>>format
>> [v d]=eig(A)
```

```
运行结果为
v =                                         d =
    0          0.5774     -0.8944               1      0      0
    0         -0.5774      0.4472               0     -2      0
    1.0000    -0.5774      0                    0      0      1
```

1、−2、1 为方阵的特征值，V 为对应的特征向量组成的相似变换矩阵，d 即为对应于 V 的方阵 A 的对角矩阵，且 $d=V^{-1}AV$.

例 3 求一个正交变换，将二次型 $f=3x_1^2+x_2^2+x_3^2-6x_1x_2-6x_1x_3-2x_2x_3$ 化为标准型.

解 根据二次型系数矩阵

$$A = \begin{bmatrix} 3 & -3 & -3 \\ -3 & 1 & -1 \\ -3 & -1 & 1 \end{bmatrix}$$

在 MATLAB 中输入如下命令：

```
A=[3 -3 -3;-3 1 -1;-3 -1 1];
format
eig(A)
[U T]=schur(A) %正交变换化对角阵为 U 正交阵,T 为对角阵
```

```
运行结果为
ans =            U =                                   T =
    -3.0000        -0.5774   -0.0000    0.8165   -3.0000    0         0
     2.0000        -0.5774   -0.7071   -0.4082    0         2.0000    0
     6.0000        -0.5774    0.7071   -0.4082    0         0         6.0000
```

由 ans 给出的矩阵 A 的特征值可写出二次型的标准型，令 $X=UY$，则

$$f=-3y_1^2+2y_2^2+6y_3^2$$

由矩阵 U，可得变量之间的关系为

$$\begin{bmatrix} x_1 \\ x_2 \\ x_3 \end{bmatrix} = \begin{bmatrix} -0.5774 & -0.0000 & 0.8156 \\ -0.5774 & -0.7071 & -0.4082 \\ -0.5774 & 0.7071 & -0.4082 \end{bmatrix} \begin{bmatrix} y_1 \\ y_2 \\ y_3 \end{bmatrix}$$

2.5 实验例题

例 1　生产计划的安排

一制造厂商生产三种不同的化学产品 A,B,C. 每一产品必须经过两部机器 M,N 的制作，而生产每一吨不同的产品需要使用两部机器不同的时间，如表 2.2 所示.

表 2.2

机器	产品 A	产品 B	产品 C
M	2	3	4
N	2	2	3

机器 M 每星期可使用 80h，而机器 N 最多可使用 60h. 生产者不想让昂贵的机器有空闲时间，因此想知道在一周内每一产品须生产多少才能使机器被充分利用.

解　设 x_1,x_2,x_3 分别表示每周内制造产品 A,B,C 的吨数，于是机器 M、N

一周内使用的实际时间为$2x_1+3x_2+4x_3$,$2x_1+2x_2+3x_3$,要充分利用机器,即要满足下列方程组

$$\begin{cases}2x_1+3x_2+4x_3=80\\2x_1+2x_2+3x_3=60\end{cases}$$

该方程组的非负解即为该题的解.

由于该方程组的增广矩阵为

$$\begin{bmatrix}2&3&4&80\\2&2&3&60\end{bmatrix}$$

输入以下命令

```
>> A=[2 3 4 80;2 2 3 60];
>> format rat
>> rref(A)
```

```
运行结果为
ans =
      1        0        1/2        10
      0        1          1        20
```

原方程组等价于

$$\begin{cases}x_1+\dfrac{1}{2}x_3=10\\x_2+x_3=20\end{cases}$$

方程组的通解为

$$\begin{bmatrix}x_1\\x_2\\x_3\end{bmatrix}=\begin{bmatrix}10\\20\\0\end{bmatrix}+k\begin{bmatrix}-1\\-2\\2\end{bmatrix},(0\leqslant k\leqslant 10,k\in R)$$

即产品A,B,C每周生产的吨数可用上式确定.

例2　常染色体的隐性病遗传

有些疾病是先天性疾病,这是基因遗传的结果.在常染色体的遗传中,后代是从每个父母的基因对中各继承一个基因,形成自己的基因型,基因型确定了后代所表现的特征.如果基因A和a控制某种遗传疾病,其中A为显性基因,a为隐性基因,则根据这种遗传病对应的基因型可将人口分为三类:AA基因型的正常人,Aa基因型的隐性患者,aa基因型的显性患者.

由于后代是各从父体或母体的基因对中等可能的得到一个基因而形成自己的基因对,故父母代的基因对和子代各基因对之间的转移概率如表2.3所示.

表 2.3　父代-子代基因转移概率

概　率		父体—母体基因型					
		AA-AA	*AA-Aa*	*AA-aa*	*Aa-Aa*	*Aa-aa*	*aa-aa*
子代基因型	*AA*	1	1/2	0	1/4	0	0
	Aa	0	1/2	1	1/2	1/2	0
	aa	0	0	0	1/4	1/2	1

设这些患者在第 n 代人口中所占的比例分别为 $x_1^{(n)}, x_2^{(n)}, x_3^{(n)}$，在控制结合的情况下，当前社会中没有显性患者，只有正常人和隐性患者，且他们分别占总人口的 85% 和 15%．考虑下列两种结合方式对后代该遗传病基因型分布的影响．

① 同类基因型结合；

② 显性患者不允许生育，隐性患者必须与正常人结合．

解　设当前该遗传疾病的人口比例状况为初始分布 $x_1^{(1)}, x_2^{(1)}, x_3^{(1)}$；以后第 n 代的分布为 $x_1^{(n)}, x_2^{(n)}, x_3^{(n)}$，令

$$A = \begin{bmatrix} 1 & 1/4 & 0 \\ 0 & 1/2 & 0 \\ 0 & 1/4 & 1 \end{bmatrix}, B = \begin{bmatrix} 1 & 1/2 & 0 \\ 0 & 1/2 & 0 \\ 0 & 0 & 0 \end{bmatrix}, X^{(n)} = \begin{bmatrix} x_1^{(n)} \\ x_2^{(n)} \\ x_3^{(n)} \end{bmatrix}, X^{(1)} = \begin{bmatrix} 85\% \\ 15\% \\ 0 \end{bmatrix}$$

那么

$$X^{(n)} = A^{n-1}X^{(1)}, X^{(n)} = B^{n-1}X^{(1)}$$

(1)下列程序是在第一种方式下模拟 20 代后该遗传病基因型的分布．

计算机模拟实验程序

```
clear; A=[1 1/4 0;0 1/2 0;0 1/4 1];
X=[0.85;0.15;0];
for i=1:20
     X=A*X;
end
X20=X
X=[0.85;0.15;0];
C=[1 1 1]';n=0;
while X~=C
   C=X;
   n=n+1;
```

```
  X = A * X;
end;
format long;
X,n
```

```
运行结果为
X20 =                    X =                    n =
      0.92499992847443     0.92500000000000       51
      0.00000014305115     0.00000000000000
      0.07499992847443     0.07500000000000
```

可见,按第一种方式结合,第20代以后,基因型分布趋于稳定,上述程序中的while语句是计算在该疾病基因型分布稳定所需要的代数及稳定时的基因型分布,结果表明51代后该疾病基因型分布稳定,将出现7.5%的稳定显性患者,而隐性患者消失.

(2)按第二种结合方式,以下程序计算20代后的基因型分布.

计算机模拟实验程序

```
clear; B = [1 1/2 0;0 1/2 0;0 0 0];
X = [0.85;0.15;0];
for i = 1:20, X = B * X;end
format short;
X
```

```
运行结果为
X =
    1.0000
    0.0000
         0
```

那么很多代以后,不但不会出现显性患者,更值得高兴的是,连隐性患者也趋于消失.所以为了避免某些遗传疾病的发生,最好采用一些有控制结合的手段.

(3)让我们用特征值和特征向量及相似对角形矩阵的理论作进一步分析.矩阵A的特征值和特征向量由以下命令可以求出:

```
>> A = [1 1/4 0;0 1/2 0;0 1/4 1];[P,T] = eig(A)
P =
    1.0000          0     -0.4082
```

```
         0          0     0.8165
         0     1.0000    -0.4082
T =
    1.0000          0          0
         0     1.0000          0
         0          0     0.5000
```

求得3个特征值1,1,0.5,对应的特征向量为

$$(1\ 0\ 0)',(0\ 0\ 1)',(-0.4082\ 0.8165\ -0.4082)'$$

由于三个特征向量线性无关,从而 A 可相似对角化,那么有

$$A^n = (PTP^{-1})^n = PT^nP^{-1}$$

$$\lim_{n\to\infty} A^n = P(\lim_{n\to\infty} T^n)P^{-1} = P\begin{bmatrix}1 & & \\ & 1 & \\ & & 0\end{bmatrix}P^{-1}$$

因此,$\lim_{n\to\infty} A^n$ 可由以下命令求出

```
>> D = P * diag([1,1,0]) * inv(P)
D =
    1.0000     0.5000          0
         0          0          0
         0     0.5000     1.0000
```

设 x_1、x_2、x_3 为任意初始分布,则 $\lim_{n\to\infty} X$ 可由以下命令求出

```
>> syms x1 x2 x3;
>> D * [x1;x2;x3]
ans =
[ x1 + 1/2 * x2]
[             0]
[ 1/2 * x2 + x3]
```

因此,从理论上讲,第一种结合方式下,隐性患者最终会消失,第二种结合方式同样可从理论上证明其分布.

例3　线性代数方法在生理系统中的应用

在生理系统和群体的研究中,常常需要探讨两个或两个以上的时间函数的问题,而描述这类问题的数学模型可用常微分方程组表示,求解微分方程组则常常需要利用线性代数理论.

反刍动物刚吃进去的食物未经嚼碎就进入瘤胃,然后,当食物被嚼碎后由重瓣胃进入皱胃,在这里它进一步被加工,并缓慢进入肠内,这一由得到食物到通过消化道的过程,Blater Graham 和 Wainman 给出了以下的模型.

设 $r=r(t)$ 表示 t 时刻瘤胃中食物的数量,且在 $t=0$ 时,它为已知用量 r_0,用 $u(t)$ 表示在时刻 t 皱胃中的食物数量,当 $t=0$ 时,$u=0$. 且 $r=r(t)$ 的减少速率

与 r 成比例,假定$\frac{\mathrm{d}u}{\mathrm{d}t}$是由以下两项组成:$u$ 增加的比率等于 r 减少的比率,而 u 减少的比率又与 u 成比例.这样就得到下面的数学模型

$$\begin{cases}\dfrac{\mathrm{d}r}{\mathrm{d}t} = -ar \\ \dfrac{\mathrm{d}u}{\mathrm{d}t} = ar - bu \\ r|_{t=0} = r_0, u|_{t=0} = 0\end{cases}$$

其中 $a>0, b>0$ 且 $a \neq b$,称为消化率.

解 利用线性代数理论解此微分方程组的程序如下

计算机模拟实验程序

```
clear,clc
syms a b u r0 t;
A = [ - a 0;a - b];                %输入系数矩阵
B = [r0;0];                        %输入初始条件
[v d] = eig(A);
d(1,1) = exp(d(1,1) * t);
d(2,2) = exp(d(2,2) * t);
tj = v * d * inv(v) * B;           %求方程组的特解
tj = simplify(tj)                  %简化结果
```

```
运行结果为
  tj =
      [                                exp( - a * t) * r0]
      [ - a * ( - exp( - b * t) + exp( - a * t)) * r0/( - b + a)]
```

即方程组满足初始条件的特解为

$$r = r_0 \mathrm{e}^{-at}, \quad u = \frac{-r_0 a}{a-b}(\mathrm{e}^{-at} - \mathrm{e}^{-bt})$$

习 题 二

1. 在 MATLAB 中分别利用矩阵的初等变换及函数 rank 求下列矩阵的秩.

$$(1) A = \begin{bmatrix} 1 & -6 & 3 & 2 \\ 3 & -5 & 4 & 0 \\ -1 & -11 & 2 & 4 \end{bmatrix}; \qquad (2) B = \begin{bmatrix} 2 & 4 & 5 & -4 \\ 3 & 6 & -1 & 6 \\ -2 & 2 & 0 & -3 \\ 5 & 16 & 9 & -5 \end{bmatrix}.$$

2. 在 MATLAB 中分别利用矩阵的初等变换及函数 inv 求下列矩阵的逆.

(1) $A=\begin{bmatrix}1 & 1 & -3\\ 2 & 3 & -8\\ 1 & 1 & -4\end{bmatrix}$;　　(2) $B=\begin{bmatrix}1 & 2 & 1 & 0\\ 6 & 2 & 4 & 1\\ 0 & 2 & 1 & 0\\ 3 & 1 & 4 & 1\end{bmatrix}$.

3. 在 MATLAB 中判断下列向量组是否线性相关,并找出向量组中的最大无关组.

(1) $\alpha_1=(1\ \ 1\ \ 3\ \ 2)$, $\alpha_2=(-1\ \ 1\ \ -1\ \ 3)$, $\alpha_3=(5\ \ -2\ \ 8\ \ 9)$, $\alpha_4=(-1\ \ 3\ \ 1\ \ 7)$;

(2) $\alpha_1=(1\ \ 1\ \ 2\ \ 3)$, $\alpha_2=(1\ \ -1\ \ 1\ \ 1)$, $\alpha_3=(1\ \ 3\ \ 3\ \ 5)$, $\alpha_4=(4\ \ -2\ \ 5\ \ 6)$, $\alpha_5=(-3\ \ -1\ \ -5\ \ -7)$;

(3) $\alpha_1=(1\ \ 1\ \ 0)$, $\alpha_2=(0\ \ 2\ \ 0)$, $\alpha_3=(0\ \ 0\ \ 3)$.

4. 在 MATLAB 中判断下列方程组解的情况,若有多个解,写出通解.

(1) $\begin{cases}x_1-2x_2+3x_3-x_4=1\\ 3x_1-x_2+5x_3-3x_4=2\\ 2x_1+x_2+2x_3-2x_4=3\end{cases}$;　　(2) $\begin{cases}x_1-x_2+4x_3-2x_4=0\\ x_1-x_2-x_3+2x_4=0\\ 3x_1+x_2+7x_3-2x_4=0\\ x_1-3x_2-12x_3+6x_4=0\end{cases}$;

(3) $\begin{cases}2x_1+3x_2+x_3=4\\ x_1-2x_2+4x_3=-5\\ 3x_1+8x_2-2x_3=13\\ 4x_1-x_2+9x_3=-6\end{cases}$;　　(4) $\begin{cases}x_1-x_2+x_3-x_4=0\\ x_1-x_2-x_3+x_4=0\\ x_1-x_2-2x_3+2x_4=0\end{cases}$.

5. 在 MATLAB 中求下列矩阵的特征值和特征向量,并判断能否对角化,若能则将其对角化.

(1) $A=\begin{bmatrix}-1 & 2 & 0\\ -2 & 3 & 0\\ 3 & 0 & 2\end{bmatrix}$;　(2) $A=\begin{bmatrix}-2 & 1 & 1\\ 0 & 2 & 0\\ -4 & 1 & 3\end{bmatrix}$;　(3) $A=\begin{bmatrix}5 & 4 & -2\\ 4 & 5 & 2\\ -2 & 2 & 8\end{bmatrix}$.

6. 将下列二次型化为标准型.

(1) $f(x_1,x_2,x_3)=x_1^2+2x_2^2+3x_3^2-4x_1x_2-4x_2x_3$;

(2) $f(x_1,x_2,x_3,x_4)=2x_1x_2+2x_2x_3$;

(3) $f(x_1,x_2,x_3,x_4)=x_1^2+x_2^2+x_3^2+x_4^2+2x_1x_2+2x_1x_3+2x_1x_4+2x_2x_3+2x_2x_4+2x_3x_4$.

7. 营养学家配制一种具有 1200 卡,30 克蛋白质及 300 毫克维生素 C 的配餐. 有 3 种食物可供选用:果冻、鲜鱼和牛肉. 这 3 种食物每盎司(28.35 克)的营养含量如下:

食品	果冻	鲜鱼	牛肉
热量(卡)①	20	100	200
蛋白质(克)	1	3	2
维生素 C(毫克)	30	20	10

①1 卡＝4.2 焦.

计算所需果冻、鲜鱼、牛肉的数量.

8. 对城乡人口流动作年度调查,发现有一个稳定的朝向城镇流动的趋势,每年农村居民的5%移居城镇而城镇居民的1%迁出,现在总人口的20%位于城镇.假如城乡总人口保持不变,并且人口流动的这种趋势继续下去,那么一年以后在城镇人口所占比例是多少?十年以后呢?若干年以后呢?

第三章　微积分方法

在研究与解决具体问题中,经常用到极限、导数、微分和积分等基本运算. MATLAB 的数学工具箱提供了微积分运算的基本函数:微分、积分、极限和泰勒展开,本章主要介绍这些功能.在介绍这些功能之前,需要了解以下 MATLAB 的基本符号运算函数.

sym	创建一个符号变量	expand	符号计算中的展开操作
syms	创建多个符号对象	collect	符号计算中同类项合并
char	把数值、符号转换为字符对象	simplify	符号计算中进行简化操作
vpa	任意精度(符号类)数值	factor	符号计算的因式分解
eval	串演算指令		

3.1　函数的微积分运算

一、极限运算

把数列 $f(n)$及函数 $f(x)$概括为“变量 y”,把 $n\to\infty, x\to\infty, x\to x_0$ 概括为“某个变化过程”.则对于任意给定的正数 ε,若变量 y 在某个变化过程中,总有那么一个时刻,在那个时刻以后

$$|y-A|<\varepsilon$$

恒成立,则称变量 y 在此变化过程中以 A 为极限.记作

$$\lim y = A$$

在实际工作中,极限的求法有很多技巧,因而往往比较复杂. MATLAB 采用函数 limit 直接计算函数的极限,其调用格式见表 3.1.

表 3.1

limit(f,x,a)	求表达式 f 当 x→a 时的极限
limit(f,a)	对系统默认变量且该默认变量→a 时表达式 f 的极限
limit(f)	对系统默认变量且该默认变量→0 时表达式 f 的极限
limit(f,x,a,'right') 或 limit(f,x,a,'left')	求 x 从右侧或从左侧趋近 a 时表达式 f 的极限

例 1 求下列极限:(1) $\lim\limits_{x\to\infty}\left(1+\dfrac{1}{2x}\right)^x$;(2) $\lim\limits_{x\to 0}\dfrac{\sin x}{x}$;(3) $\lim\limits_{x\to 0^+}(\sqrt{x}-2^{-\frac{1}{x}})$.

解 MATLAB 命令及运行结果为

```
>>syms x;
(1) >>limit((1+1/(x*2))^x,x,inf)
ans =
      exp(1/2)
(2) >>limit(sin(x)/x,x,0)
ans =
      1
(3) >>limit(sqrt(x)-2^(-1/x),x,0,'right')
ans =
      0
```

其中(3)若不加入选项 right,则返回 NaN.

二、求导运算

在 MATLAB 中,求函数的导数或微分由专门的函数 diff 来完成.其调用格式为

diff(A):对表达式 A 进行一次微分;

diff(A,x,2):对以 x 为变量的表达式 A 进行二次微分.

1.函数的求导

例 2 设 $y=f(x)=3x^2-2x+1$,求 $y'\big|_{x=1}$.

解 在 MATLAB 中输入命令

```
>> syms x;
>> A=3*x^2-2*x+1;
>> B=diff(A),x=1;eval(B)
```

运行结果为

```
B =
6*x-2
ans =
     4
```

即 $y'=6x-2, y'\big|_{x=1}=4$.

例 3 求函数 $3x^3+5x+1$ 的二阶导数.

解 在 MATLAB 中输入命令

```
>> syms x;
>> A=3*x^3+5*x+1;
>> diff(A,x,2)
```

运行结果为

```
ans =
    18 * x
```

2. 微分运算

例 4 设 $y=\arcsin\sqrt{1-x^2}$，求 dy.

解 在 MATLAB 中输入命令

```
>> syms x dx;
>> A = asin(sqrt(1 - x^2));
>> diff(A) * dx
```

运行结果为

```
ans =
-1/(1-x^2)^(1/2)*x/(x^2)^(1/2)*dx
```

可知 dy 为 -1/(1-x^2)^(1/2) * x/(x^2)^(1/2) * dx，即 $dy=-\dfrac{|x|}{x\sqrt{1-x^2}}dx$.

3. 多元函数的偏导数

例 5 求 $z=x^2\sin 2y$ 的偏导数.

解 在 MATLAB 中输入命令

```
>> syms x y;
>> z = x^2 * sin(2 * y);
>> B = [diff(z,x);diff(z,y)]
```

运行结果为

```
B =
[   2*x*sin(2*y)]
[ 2*x^2*cos(2*y)]
```

矩阵 B 中第一行为对 x 求偏导的结果，第二行为对 y 求偏导的结果.

例 6 求函数 $z=x^3+2x^2y+y^4$ 的二阶偏导数.

解 在 MATLAB 中输入命令

```
>> syms x y;
>> z = x^3 + 2 * x^2 * y + y^4;
>> B = [diff(z,x,2);diff(z,y,2)]
```

运行结果为

```
B =
[ 6*x+4*y]
[     12*y^2]
```

矩阵 B 中第一行为对 x 求二阶偏导的结果，第二行为对 y 求二阶偏导的结果.

4. 全微分运算

例 7 求函数 $z=\ln(x^2+y^2)$的全微分.

解　在 MATLAB 中输入命令

```
>>syms x y dx dy;
>>z = log(x^2 + y^2);
>>simplify(diff(z,x) * dx + diff(z,y) * dy)
```

运行结果为

```
ans =
2 * (x + y)/(x^2 + y^2)
```

即函数的全微分为

$$dz = \frac{2(x\mathrm{d}x + y\mathrm{d}y)}{x^2 + y^2}$$

三、积分运算

1. 函数的定积分

(1) 梯形积分法

函数 trapz 可用于进行梯形积分,精度低,适用于数值函数和光滑性不好的函数,调用格式为:

z = trapz(x,y)

其中 x 表示积分区间的离散化变量,y 是与 x 同维数的向量,表示被积函数,z 返回积分的近似值.

例 8　求$\int_1^2 x\mathrm{e}^x \mathrm{d}x$ 的值.

解　在 MATLAB 中输入命令

```
>> x = 1:0.1:2;
>> y = x. * exp(x);
>> format
>> trapz(x,y)
```

运行结果为

```
ans =
    7.4030
```

(2) 变步长数值积分

MATLAB 提供了两种函数用于变步长数值积分,quad 和 quadl,调用格式如下:

z = quad('fun',a,b,tol), z = quadl('fun',a,b,tol)

其中 fun 表示被积函数的 M 函数名,a,b 为积分的上下限,tol 表示精度,缺省值为 le - 3.

例 9　对 humps 函数进行区间积分.

解　在 MATLAB 中输入命令

```
>> q = quad('humps',0,1)
```

运行结果为

```
q =
    29.8583
```

或者

```
>> q = quadl('humps',0,1)
q =
    29.8583
```

quad 使用自适应步长 Simpson 法,它比 quadl 的精度要低,trapz、quad 和 quadl 都不能用于广义积分,此外,由于数值积分的特点,对一些假奇异积分也不能直接求解,如$\int_{-2}^{1} x^{\frac{1}{3}} \mathrm{d}x$,当 $x \leqslant 0$ 时就会出现复数,这类情况在适当定义被积函数($x < 0$ 时用 $-(-x^{\frac{1}{3}})$)后即可正确求解,见下例.

例 10 求$\int_{-2}^{0} x^{\frac{1}{3}} \mathrm{d}x$ 的值.

解 在 MATLAB 中输入命令

```
>> f = '-(-x).^(1/3)';
>> quadl(f,-2,0)
```

运行结果为

```
ans =
    -1.8899
```

(3) 重积分

上面的内容是计算一重积分. MATLAB 计算二重积分时首先计算内积分,然后借助内积分的中间结果再求出二重积分的值,类似于积分中的分部积分法.

二重积分函数调用形式如下:

result = dblquad('integrnd', xmin, xmax, ymin, ymax)

其中,第一参数为被积函数的名称字符串. xmin 为内积分下限,xmax 为内积分上限,ymin 为外积分下限,ymax 为外积分上限.

例 11 求$\int_{0}^{\pi} \mathrm{d}y \int_{\pi}^{2\pi} (y\sin x + x\cos y) \mathrm{d}x$ 的值.

解 在 MATLAB 中输入命令

```
>> f = 'y * sin(x) + x * cos(y)';
>> dblquad(f,pi,2 * pi,0,pi)
```

运行结果为

```
ans =
    -9.8696
```

内积分限为函数的二重积分可编写下列函数 M 文件,利用 quad8 进行两次积分求值.

[**double_int.m**]

```
function SS = double_int(fun,innlow,innhi,outlow,outhi)
y1 = outlow;y2 = outhi;x1 = innlow;x2 = innhi;f_p = fun;
SS = quad8('G_yi',y1,y2,[],[],x1,x2,f_p);
```

[**G_yi.m**]

```
function f = G_yi(y,x1,x2,f_p)
y = y(:);n = length(y);
if ischar(x1) = = 1;xx1 = feval(x1,y);else xx1 = x1 * ones(size(y));end
if ischar(x2) = = 1;xx2 = feval(x2,y);else xx2 = x2 * ones(size(y));end
for i = 1:n
f(i) = quad8(f_p,xx1(i),xx2(i),[],[],y(i));
end
f = f(:);
```

例 12　计算 $I = \int_1^4 \left[\int_{\sqrt{y}}^2 (x^2 + y^2)\mathrm{d}x\right]\mathrm{d}y$.

解　保存上述 M 文件 double_int.m 和 G_yi.m 后，再编写内积分区间上下限的 M 函数文件 x_low.m 并保存.

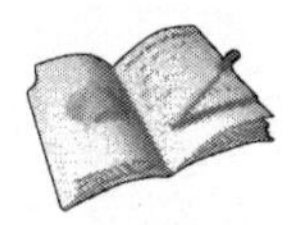

[**x_low.m**]

```
function f = x_low(y)
f = sqrt(y);
```

被积函数用内联函数表达时，运行以下指令，即得结果

```
>>ff = inline('x.^2 + y.^2','x','y');
>>SS = double_int(ff,'x_low',2,1,4)
SS =
    9.5810
```

(4)计算曲线的长度

用函数 quad 和 quadl 还可以计算出曲线的长度，把函数写成参数方程的形式 $\begin{cases} x = x(t) \\ y = y(t) \end{cases}$, $a \leqslant t \leqslant b$，那么曲线长度为 $l = \int_a^b \sqrt{(x'(t))^2 + (y'(t))^2}\mathrm{d}t$.

例 13　用函数 quad 和 quadl 计算曲线的长度示例. 函数的参数方程为：$x(t) = \sin(2t)$，$y(t) = \cos(t)$，$z(t) = t$，$0 \leqslant t \leqslant 3\pi$.

解　这个曲线的长度可以表示为

$$l = \int_0^{3\pi} \sqrt{4\cos(2t)^2 + \sin(t)^2 + 1}\,dt$$

从而可以求得积分值.

计算机模拟实验程序

先建立一个M文件:funfun.m

```
function f = funfun(t)
f = sqrt(4 * cos(2 * t). ^2 + sin(t). ^2 + 1);
```

然后输入如下命令

```
>> quad('funfun',0,3 * pi)
```

运行结果为

```
ans =
    17.2220
```

因此得到这段曲线的长度约为17.22.

2. 符号积分

在MATLAB中,函数int(f)用来进行符号积分,当int求不出符号积分时自动转向求数值积分.

例14　求$\int \frac{dx}{1+x^2}$.

解　在MATLAB中输入命令

```
>>syms x;
>>A = [1/(1 + x^2)];
>>int(A)
```

运行结果为

```
ans =
atan(x)
```

因此$\int \frac{dx}{1+x^2} = \arctan x + C$.

例15　计算二重积分$\iint\limits_D \frac{1}{1+x^2+y^2}d\sigma$,其中区域$D: x^2+y^2 \leqslant 1$.

解　化为极坐标后,被积函数变为$\frac{r}{1+r^2}$,区域D可以表示为$\begin{cases}0\leqslant\theta\leqslant 2\pi\\ 0\leqslant r\leqslant 1\end{cases}$,在MATLAB中输入命令

```
>>syms r;
>>s = [r/(1 + r^2)];
```

```
>> int(int(s,r,0,1),0,2*pi)
```

运行结果为

```
ans =
    pi*log(2)
```

即$\iint\limits_D \frac{1}{1+x^2+y^2}dx = \pi\ln 2$.

3.2 常微分方程的求解

在科学研究中会经常遇到常微分方程.只含有一个自变量的微分方程称为**常微分方程**(ordinary differential equations, ODE),一般地,有些常微分方程可以找到解析解,但有些常微分方程或者没有解析解,或者求取解析解的代价无法忍受,或者只有数值解等.在 MATLAB 中,对常微分方程的解法一般有两种:数值解和符号解(解析解).下面简单介绍 MATLAB 在此领域的应用.

一、解析解

求微分方程(组)的解析解的 MATLAB 命令为

dsolve('eqn1', 'eqn2', ..., 'x')

其中'eqni'表示第 i 个方程与初始条件等式,'x'表示微分方程(组)中的自变量,默认时自变量为 t.

例 1 求解一阶微分方程$\frac{dy}{dx}=1+y^2$的通解及$x=0,y=1$时的特解.

解 在 MATLAB 中输入如下命令

求通解

```
>> dsolve('Dy=1+y^2','x')            %求微分方程的解
```

结果为

```
ans =
tan(x+C1)
```

故所求得的通解为$y=\tan(x+C_1)$.

求特解

```
>> dsolve('Dy=1+y^2','y(0)=1','x')
```

结果为

```
ans =
tan(x+1/4*pi)
```

故所求得的特解为$y=\tan\left(x+\frac{\pi}{4}\right)$

例 2 求解二阶微分方程

$$x^2y'' + xy' + (x^2 - n^2)y = 0, \quad y\left(\frac{\pi}{2}\right) = 2, \quad y'\left(\frac{\pi}{2}\right) = -\frac{2}{\pi}, \quad n = \frac{1}{2}$$

解 在 MATLAB 中输入命令

```
>> dsolve('D2y + (1/x) * Dy + (1 - (1/2)^2/x^2) * y = 0','y(pi/2) = 2,Dy(pi/2) = -2/
pi','x')
```

运行结果为

```
ans =
2^(1/2) * pi^(1/2)/x^(1/2) * sin(x)
```

即所求的解为 $y=\sqrt{\dfrac{2\pi}{x}}\sin x$.

例 3 求方程组 $\begin{cases}\dfrac{\mathrm{d}x}{\mathrm{d}t}=x+y\\ \dfrac{\mathrm{d}y}{\mathrm{d}t}=-x+y\end{cases}$ 在 $x\big|_{t=0}=1, y\big|_{t=0}=2$ 的特解.

解 在 MATLAB 中输入命令

```
>> [x y] = dsolve('Dx = x + y','Dy = -x + y','x(0) = 1','y(0) = 2')
```

运行结果为

```
x =
exp(t) * (cos(t) + 2 * sin(t))
y =
exp(t) * ( - sin(t) + 2 * cos(t))
```

即所求原微分方程组的特解为

$$x = \mathrm{e}^t\cos t + 2\mathrm{e}^t\sin t$$

$$y = -\mathrm{e}^t\sin t + 2\mathrm{e}^t\cos t$$

二、数值解

设微分方程的形式为 $y' = f(t, y)$,其中 t 为自变量,y 为因变量(变量 y 可以是向量,例如微分方程组).

在 MATLAB 中,使用 2 阶(3 阶)龙格-库塔公式和 4 阶(5 阶)龙格-库塔公式的程序分别为

```
[t,y]=ode23( 'F',ts,y0,options)
[t,y]=ode45( 'F',ts,y0,options)
```

其中 F 是由微分方程(组)写成的 M 文件名.输入 ts 的取法有几种,当 ts=[t0,tf],t0,tf 分别表示自变量的初值和终值;若 ts=[t0,t1,t2,…,tf],则输出在指定时刻 t0,t1,t2,…,tf 处给出;对于等步长时用 ts=t0:k:tf,则输出在区间[t0,tf]的等分点给出. y0 为函数的初值,options 用于设定误差限.程序为

```
options=odeset('reltol',rt,'abstol',at)
```

[t,y]为输出矩阵,分别表示自变量 t 和因变量 y 的取值.

ode23 是微分方程组数值解的低阶方法，ode45 为较高阶方法，与 ode23 类似. 另外还有一些其他方法，如求解非刚性微分方程组的可变阶方法 ode123.

例 4 求例 2 中方程 $x^2y''+xy'+(x^2-n^2)y=0\left(n=\frac{1}{2}\right)$的数值解.

解 首先建立 M 函数文件：

```
[jie3.m]
function f = jie3(x,y)
f = [y(2); - y(2)/x + ((1/2)^2/x^2 - 1) * y(1)];
```

再输入命令

```
>> [x,y] = ode23('jie3',[pi/2,pi],[2, - 2/pi])
```

运行结果为

```
x =
    1.5708
    1.6074
    1.7645
    1.9215
    2.0786
    2.2357
    2.3928
    2.5499
    2.7069
    2.8640
    3.0211
    3.1416
y =
    2.0000   - 0.6366
    1.9758   - 0.6869
    1.8518   - 0.8879
    1.6982   - 1.0631
    1.5192   - 1.2108
    1.3193   - 1.3293
    1.1032   - 1.4174
    0.8756   - 1.4744
    0.6416   - 1.5002
    0.4060   - 1.4951
    0.1735   - 1.4602
    0.0002   - 1.4140
```

3.3 Taylor 级数

在 MATLAB 中，提供了函数 taylor，用于对函数进行 Taylor 级数的展开.

Taylor函数的调用命令为:

taylor(f) 求 f 对默认变量的五阶 Taylor 展开,六阶小量以余项式给出;

taylor(f,n) 求 f 对默认变量的前$(n-1)$阶 Taylor 展开多项式;

taylor(f,a) 求 f 对默认变量在点 a 处的 Taylor 展开多项式;

taylor(f,x) 用指定变量 x 代替 findsym 所确定的变量.

例 1 求下面函数的 Taylor 级数:

(1)e^{-x}; (2) $\ln x$,在 $x=1$ 处; (3)x^t.

解 MATLAB 命令及运行结果分别为

```
(1)>> syms x
   >> taylor(exp(-x))          %求对默认变量的 5 阶 Taylor 展开式
ans =
1-x+1/2*x^2-1/6*x^3+1/24*x^4-1/120*x^5
(2)>> taylor(log(x),8,1)      %求 log(x)的在 x=1 点处的 7 阶 Taylor 展开式
ans =
x-1-1/2*(x-1)^2+1/3*(x-1)^3-1/4*(x-1)^4+1/5*(x-1)^5-1/6*(x-
1)^6+1/7*(x-1)^7
(3)>> syms t
   >> taylor(x^t,3,t)          %求 x 的 t 次幂对指定变量 t 的 2 阶 Taylor 展开式
ans =
1+log(x)*t+1/2*log(x)^2*t^2
```

3.4 实验例题

例 1 对于函数 $f(x)=x+\cos(x)$,在$\left[0,\frac{\pi}{2}\right]$上验证拉格朗日微分中值定理.

解 根据微分中值定理,在$\left(0,\frac{\pi}{2}\right)$内存在 ξ 使

$$f\left(\frac{\pi}{2}\right)-f(0)=f'(\xi)\left(\frac{\pi}{2}-0\right)$$

即

$$f'(\xi)-\left(\frac{\pi}{2}-1\right)\Big/\left(\frac{\pi}{2}\right)=0$$

在几何上,必有一点处的切线与两端点的连线平行.设函数 $f(x)=x+\cos(x)$在点(x_0,y_0)处的切线方程为

$$y=ax+b$$

则有

$$a=f'(x_0)=1-\sin(x_0)$$
$$y_0=ax_0+b,y_0=x_0+\cos(x_0)$$

函数 $f(x)=x+\cos(x)$在点(x_0,y_0)切线方程又可写为

$$y = (1-\sin(x_0))x + x_0\sin(x_0) + \cos(x_0)$$

我们做出 x_0 在区间$\left(0,\frac{\pi}{2}\right)$取不同值时的切线,观察是否有与两端点的连线大致平行的切线存在,下面用动画来演示这一过程.

计算机模拟实验程序

```
clear;
for j = 1:100
     a = j/100 * pi/2;
     x = 0:(0.01 * pi/2):(pi/2);
     y = (1 - sin(a)). * x + a * sin(a) + cos(a);
     fplot('x + cos(x)',[0,pi/2]);
     axis tight
     set(gca,'nextplot','replacechildren');
     hold on;
     plot([0,pi/2],[1,pi/2],'r');
     plot(x,y);
     hold off;
     M(j) = getframe;
end;
movie(M,1)
```

由图 3.1 可以看出当 x_0 在 0.75 附近时,切线与两端点的连线大致平行,再用下面命令可求出该点的准确位置.

```
x0 = fzero('1 - sin(x) - (pi/2 - 1)/pi * 2',0.75)          % 求 ξ 的准确位置
x0 =
     0.6901
```

可见在$\left(0,\frac{\pi}{2}\right)$内存在一点 $x_0=0.6901$ 满足拉格朗日微分中值定理.

例 2 通信卫星的覆盖面积.

如图 3.2 所示,一颗地球同步轨道通信卫星的轨道位于地球的赤道平面内,且可近似认为是圆轨道.通信卫星运行的角速率与地球自转的角速率相同,即人们看到它在天空不动.若地球半径取为 $R=6400\text{km}$,问卫星距地面的高度 H 应为多少以及这颗通讯卫星的覆盖面积是多少?

解 设卫星距地面高度为 H,由该卫星为同步卫星,根据牛顿第二定律

$$H = \left(g\frac{R^2}{\omega^2}\right)^{\frac{1}{3}} - R$$

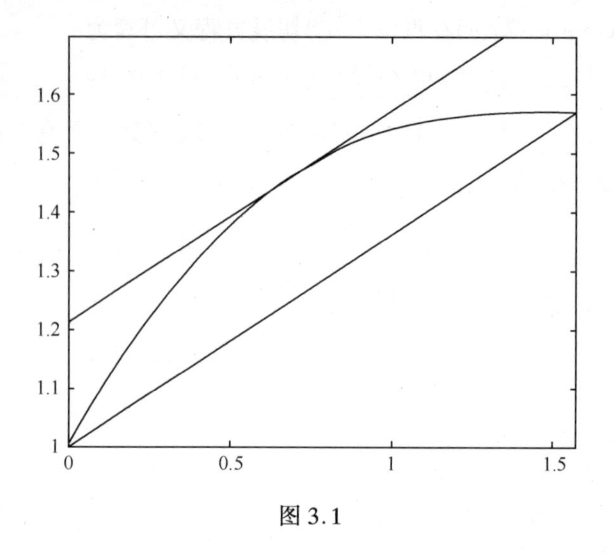

图 3.1

图 3.2

其中 $g=9.8\text{N/kg}, R=6400000\text{m}, \omega=\dfrac{2\pi}{24\times 36000}$.

取地心为坐标原点,地心到卫星中心的联线为 z 轴建立坐标系,卫星的覆盖面积可表示为

$$S=\iint_{\Sigma}\mathrm{d}S$$

其中 Σ 是上半球面 $x^2+y^2+z^2=R^2(z\geqslant 0)$ 上被圆锥角 α 所限定的曲面部分.

$$S=\iint_{D}\sqrt{z_x^2+z_y^2+1}\,\mathrm{d}x\mathrm{d}y=\iint_{D}\frac{R\mathrm{d}x\mathrm{d}y}{\sqrt{R^2-x^2-y^2}}$$

其中 D 为 xoy 上的区域 $x^2+y^2\leqslant R^2\sin\beta$,利用极坐标变换得

$$S = \int_0^{2\pi} d\theta \int_0^{R\sin\beta} \frac{R}{\sqrt{R^2 - r^2}} r dr$$

由 $\cos\beta = \frac{R}{R+H}$,计算该二重积分的 MATLAB 程序如下

```
syms R r c p;
s=[R*r/sqrt(R^2-r^2)];
S=int(int(s,r,0,R*sin(p)),c,0,2*pi)   %符号积分
g=9.8;R=6400000;w=2*pi/(24*3600);
H=(g*R^2/w^2)^(1/3)-R,                %计算卫星的高度
p=acos(R/(R+H));                      %计算角β的值
eval(S)                               %计算字符串 S 的数值,返回卫星覆盖的面积
```

运行上述 M 文件,结果为

```
S =
    -2*(R^2-R^2*sin(p)^2)^(1/2)*R*pi+2*(R^2)^(1/2)*R*pi
H =
   3.5940e+007
ans =
     2.1846e+014
```

其中 S 可简化为 2*pi*R^2(1-cos(p)),$H=3.5940\times10^7$(m),$S=2.1846\times10^{14}$(m^2)

$$S = 2\pi R^2(1-\cos\beta) = 2\pi R^2\left(1-\frac{H}{R+H}\right) = 4\pi R^2\frac{H}{2(R+H)} \approx 0.425\times4\pi R^2$$

故该地球卫星覆盖了全球 1/3 以上的面积.

例 3 范德波尔微分方程.

一般微分方程描述系统内部变量的变化率如何受系统内部变量和外部激励,如输入、热传导等的影响.当常微分方程能够求解析解时,可以用 MATLAB 的符号工具箱中的功能找到精确解.在微分方程难以获得解析解的情况下,可以方便地通过数值计算求解.高阶微分方程式必须等价地变换成一阶微分方程组进行求解.

描述振荡器的经典范德波尔(van der Pol)微分方程为

$$\frac{d^2x}{dt^2} - (1-x^2)\frac{dx}{dt} + x = 0$$

对于上述微分方程,通过重新定义两个新的变量,来实现这种变换.

令 $y_1 = x$ 且 $y_2 = \frac{dy}{dx}$,则高阶的微分方程化简为两个低阶的微分方程

$$\frac{dy_1}{dt} = y_2$$

$$\frac{dy_2}{dt} = u(1-y_2) - y_1$$

要求解这个方程组,首先要建立一个 M 文件 juju.m,内容如下:

[**juju.m**]

```
function yk = juju(t,y);
yk = [y(2);2 * (1 - y(1)^2) * y(2) - y(1)]';
```

函数的参数是时间 t 和一个二维向量,返回值是一个列向量,代表的是导数的值.

```
>> [t,y] = ode23('juju',[0 20],[2 0]);
```

第一个参数是函数名,第二个是时间跨度,第三个是初值.

返回的 t 是一个向量,y 是个矩阵,分别代表微分方程两个自变量在时间 t 的取值.

```
>> y1 = y(:,1);
>> y2 = y(:,2);
>> plot(t,y1,t,y2,'- -'),hold;
Current plot held
```

一个解用实线画出,另一个解用虚线画出.

```
>> xlabel('Time,Second'),ylabel('Y(1) and Y(2)'),hold;
Current plot released
```

在坐标轴上标示一些符号.

求得的数值解如图 3.3 所示.

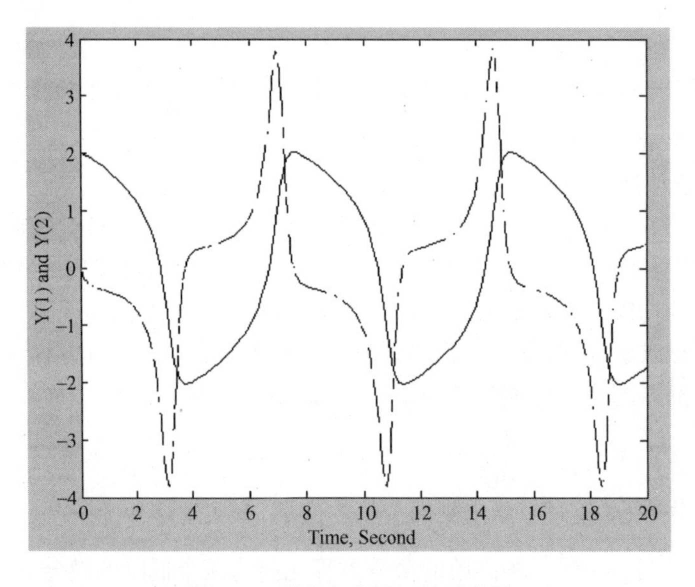

图 3.3　微分方程的解的示意图

习　题　三

1. 在 MATLAB 中求下列极限.

(1) $\lim_{n\to\infty}\sqrt{n+\sqrt{n}}-\sqrt{n}$；　(2) $\lim_{x\to\infty}\left(1-\frac{2}{x}\right)^{3x}$；　(3) $\lim_{x\to 0}\frac{\sin x}{x^3+3x}$；

(4) $\lim_{x\to 1}\frac{\sqrt{5x-4}-\sqrt{x}}{x-1}$.

2. 根据要求在 MATLAB 中求下列函数的导数.

(1) $x^{10}+10^x+\log_x 10$（一阶导数）；　(2) $\ln(1-x^2)$（二阶导数）；

(3) $z=e^{2x}(x+y^2+2y)$（分别对 x,y 求偏导数）；

(4) $z=\sin^2(3x+2y)$（分别对 x,y 求二阶偏导数）；

(5) $z=\ln(x^2+y^2+u^2)$（求全微分）.

3. 在 MATLAB 中计算下列不定积分.

(1) $\int\cos 2x\cos 3x\,dx$；　(2) $\int\frac{x^2}{\sqrt{a^2-x^2}}dx$；

(3) $\int\frac{dx}{x\left(\sqrt{\ln x+a}+\sqrt{\ln x+b}\right)}(a\neq b)$.

4. 计算下列定积分.

(1) $\int_0^{\pi}\sqrt{\sin^3x-\sin^5x}\,dx$；　(2) $\int_0^1 e^{-\frac{x^2}{2}}dx$；　(3) $\int_0^2\frac{x^2+5}{x^2+2}dx$.

5. 在 MATLAB 中利用数值积分求下列表达式的值.

(1) $\int_0^{\pi}\sqrt{\sin x-\sin^3x}\,dx$；　(2) $\int_1^{e}x^2\ln x\,dx$；

(3) $\iint_D\frac{y^2}{x^2}dxdy$　$(D:\frac{1}{2}\leqslant x\leqslant 2,1\leqslant y\leqslant 2)$；

(4) $\int_{-1}^{2}dx\int_{x^2}^{x+2}xy\,dy$；　(5) $\int_0^{\pi}\int_0^{\sin y}x\,dxdy$.

6. 解下列微分方程.

(1) $(1+x)\frac{d^2y}{dx^2}+\frac{dy}{dx}=0$；　(2) $\frac{d^2y}{dx^2}=\frac{dy}{dx}-3x^2+6x$.

7. 计算下列二重积分的值.

(1) $\int_0^{\pi}d\theta\int_0^1\sqrt{1+r\sin(\theta)}\,dr$；

(2) $\iint_D e^{-(x^2+y^2)}d\sigma$，D 为圆周 $x^2+y^2=1$ 所围成的区域.

8. 求下列函数的 Taylor 展开式（10 阶），并运用 Taylor 展开式求 $x=3.42$ 时该函数的近似值.

(1) $f(x)=xe^x$；　(2) $f(x)=\frac{\sin x}{x}$.

第四章　综合实验

4.1　变形虫、水稻叶及其他生物物种的 Richards 弹性生长模型实验

一、问题

对于生物生长的模型，通常用 Logistic 方程进行描述. 然而该模型具有固定的拐点，只能描述一种特定形状的 S 曲线. 但在一个完整的时间序列里，生物的总生长量最初比较小，随时间的增加逐渐增长而达到一个快速生长时期，尔后增长速度趋缓，最终达到稳定的总生长量. 对此生长过程进行图像描述，也即是一种拉长的 S 形曲线. 根据其生长速度的快慢，可划分为如图 4.1 所示的三个生长阶段.

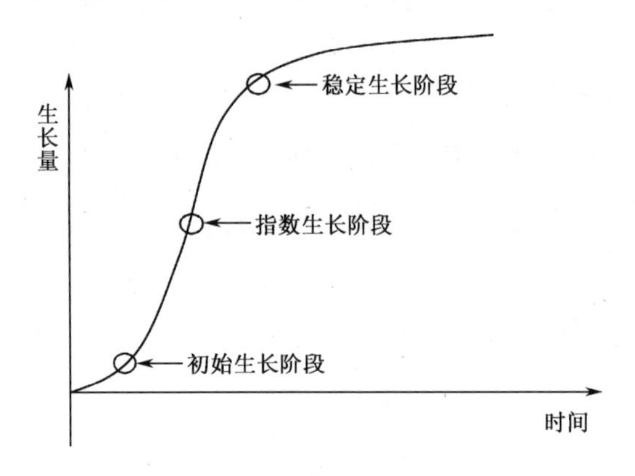

图 4.1　生长过程的 S 形曲线

由于这种 S 形曲线因生物种群生长特性的不同和所处环境条件的变化而呈现出多样性变化，因而通常用 Richards 弹性生长模型进行描述. 观察变形虫与水稻叶的生长过程，实验数据表明其生长曲线具有不同特点的形状，图 4.2 是它们生长实验数据的连线图.

可见，选用 Richards 弹性生长模型及选择合理的参数，能更恰当地描述生物多样性生长过程中的弹性能力. 下面我们利用 MATLAB 程序对该生长模型的弹性描述能力做出分析.

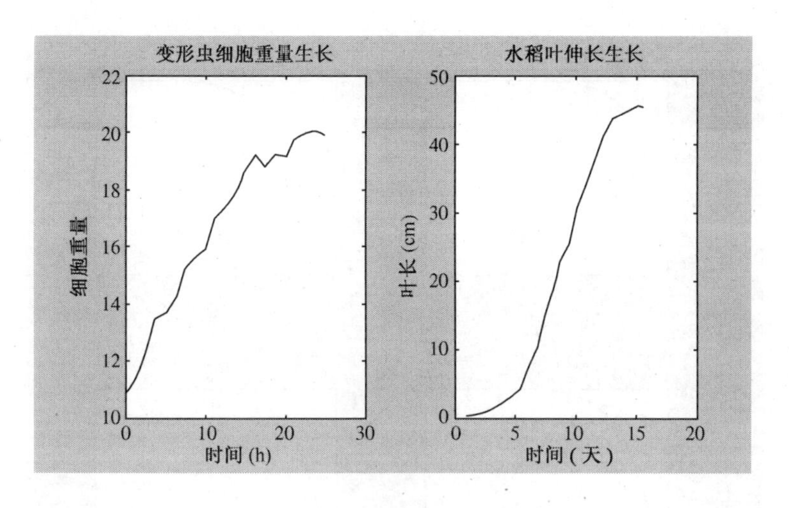

图 4.2　变形虫、水稻叶生长图

二、关于 Richards 模型

1959 年 Richards 在 von Bertalanffy 生长模型的基础上经一般化处理提出了一个新的生长模型：

$$y(t) = a(1 - be^{-kt})^{\frac{1}{1-m}}$$

上式中 $y(t)$为 t 时刻的生物总生长量，参数 a 为总生长量的极限值，b 为初始值参数，k 为生长速率参数，m 为曲线形状参数. 它的图形是以 $y=a$ 为渐进线的 S 形曲线，上述模型通过参数 m 的变化可演变为三个著名的生长模型，使之成为 Richards 模型的一个特例：

当 $m=0$ 时为 Mitscherlich 模型　$y=a(1-be^{-kt})$

当 $m\to 1$ 时为 Gompertz 模型　$y=a\exp(-be^{-kt})$

当 $m=2$ 时为 Logistic 模型　$y=\dfrac{a}{1-be^{-kt}}$

因此 Richards 模型比 Mitscherlich、Gompertz、Logistic 等模型更具有弹性.

三、计算机模拟实验

1. 丰富多样的变化曲线

改变 Richards 模型中的参数 m，可以演变成 Mitscherlich、Gompertz、Logistic 等模型，具有丰富的曲线形状的变化. 下面对模型随参数 m 的变化进行实验，令 $k=0.07$，$a=100$. 通过对一些参数的选择，可以得到许多形状不同的图形(见图 4.3).

通过计算机的模拟实验可以看出，随着 m 的变化，曲线呈明显的变化，因此

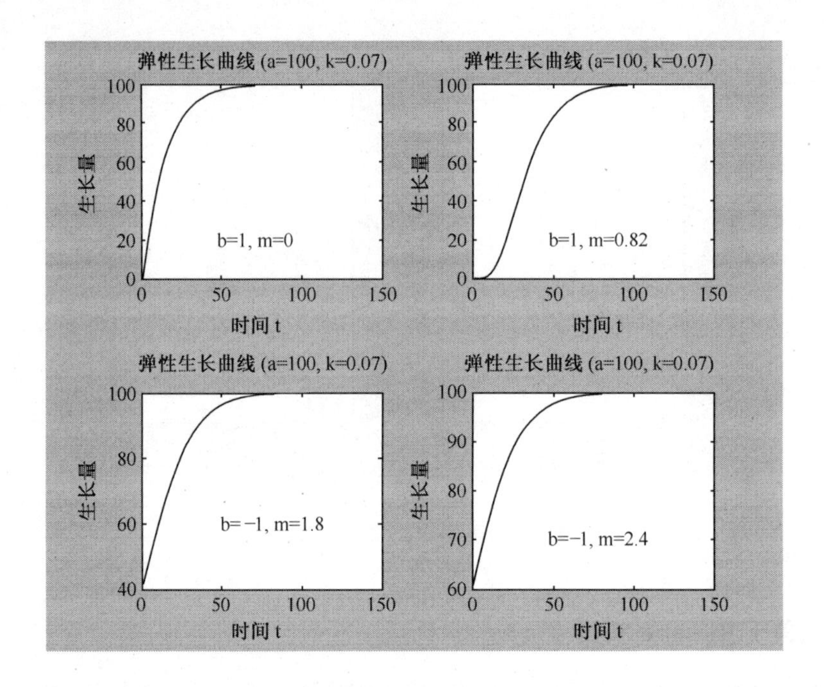

图 4.3　Richards 模型随参数变化的各种生长曲线

Richards 模型可以描述不同生物种群的个体或群体的生长过程,而且比 Mitscherlich、Gompertz、Logistic 等模型更准确.读者运行下面的程序后,可随意输入参数 m 的数值($m \neq 1$),观察曲线的变化.

计算机模拟实验程序

```
clear all,clc
m = input('m = ')
b = [1 1 -1 -1];
a = 100;k = 0.07;
for t = 0:100
  y(t+1) = a * (1 - b(1) * exp( - k * t))^(1/(1 - m));
end
  plot(y),xlabel('时间 t'),ylabel('生长量')          % 描图
```

2. 生长过程的特征分析

在利用建立的生长模型对生长过程的特征进行分析时,通常需要确定生长速率和速率变化的极大值点,生长速率的极大值点即是曲线的拐点,下面通过对

Richards 模型求二阶导数后,再令其为零,便可得到拐点的坐标.

由于该模型描述的生长过程的最速生长点的到来随参数 m 的增大而延后,因此随 m 的增大,模型越来越适于描述早期缓慢生长期长的生长过程.

计算机模拟实验程序

```
clear all,clc
syms Y A B k x m;
Y = [A * (1 - B * exp( - k * x)) ^(1/(1 - m))];
equ1 = diff(Y,x,2);
x = solve(equ1,'x')
Y = subs(Y)
```

运行结果为

```
x =
- log( - ( - 1 + m)/B)/k  % x 为最大生长速度
Y =
  A * m^(1/(1 - m))
```

3. 变形虫、水稻叶的实验数据分析

表 4.1 和表 4.2 是变形虫细胞重量生长及水稻叶伸长生长的实验观测数据,我们用这些数据来拟合 Richards 模型,确定参数并注意参数 m 的变化,同时作出拟合曲线进一步比较变形虫与水稻叶生长过程的差别.

表 4.1 变形虫细胞重量生长观测记录

时间	0	1.25	2.50	3.75	5.00	6.25	7.50	8.75	10.00	11.25	12.50
重量	10.85	11.31	12.30	13.44	13.63	14.19	15.18	15.61	15.90	16.98	17.38
时间	13.75	15.00	16.25	17.50	18.75	20.00	21.25	22.50	23.75	25.00	
重量	17.78	18.66	19.19	18.78	19.21	19.14	19.74	19.96	20.06	19.91	

表 4.2 水稻叶伸长生长观测记录

时间	1	1.8	2.6	3.4	4.1	4.8	5.4	6.1	6.8	7.4	8.1
重量	0.3	0.5	0.9	1.4	2.5	3.2	4.3	7.6	10.1	14.4	18.5
时间	8.8	9.4	10.1	10.8	11.7	12.4	13.1	14.4	15.1	15.7	
重量	23.0	25.2	30.4	33.7	38.8	41.7	43.7	44.8	45.5	45.3	

计算机模拟实验程序

```
clear all,clc
t=[0  1.25  2.50  3.75  5.00  6.25  7.50...
8.75  10.00  11.25  12.50  13.75  15.00  16.25...
17.50  18.75  20.00  21.25  22.50  23.75  25.00];
y=[10.85  11.31  12.30  13.44  13.63  14.19  15.18...
15.61  15.90  16.98  17.38  17.78  18.66  19.19...
18.78  19.21  19.14  19.74  19.96  20.06  19.91];
scatter(t,y,5,'r','filled'),hold on;
Rechards=inline('b(1)*(1-b(2).*exp(-b(3).*t)).^(1/(1-b(4)))','b','t');   %建立Rechards模型的函数
b=[20 -15 0.1 4];
[beta,Res,Re]=LSQCURVEFIT(Rechards,b,t,y);   %非线性最小二乘拟合
parameters=beta
ss=sum((y-mean(y)).^2);rs=sum(Re.^2);R=(ss-rs)/ss
syms b t;b=beta;
y=subs(b(1)*(1-b(2).*exp(-b(3).*t)).^(1/(1-b(4))));
ezplot(y,[0,26])
title('变形虫细胞重量生长的拟合曲线'),xlabel('时间(h)'),ylabel('细胞重量(ug)')
```

运行结果为

变形虫细胞重量生长的拟合:

A=20.28 B=-13.83 k=0.2159 m=5.372

决定系数 0.9937

根据以上运行结果,我们可以很容易写出变形虫细胞重量生长的模型为:

$$y(t)=20.28\times(1+13.83\mathrm{e}^{-0.2159t})^{\frac{1}{1-5.372}}$$

另外,变形虫细胞重量生长拟合曲线见图4.4.

由于水稻第3叶片伸长生长的计算机实验程序与上述程序类似,因此留给读者编写,下面给出实验结果.第3叶片伸长生长的模型为

$$y(t)=47.1\times(1+98.56\mathrm{e}^{-0.5398t})^{\frac{1}{1-1.829}}$$

水稻第3叶片伸长拟合曲线见图4.5.

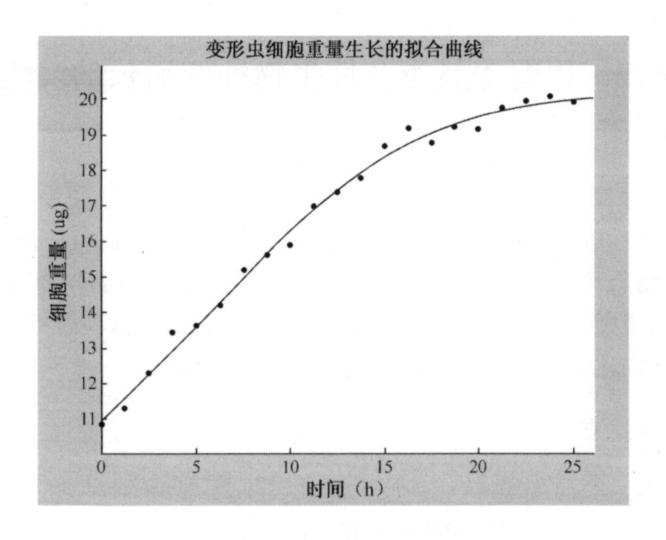

图 4.4　变形虫细胞重量生长的拟合曲线

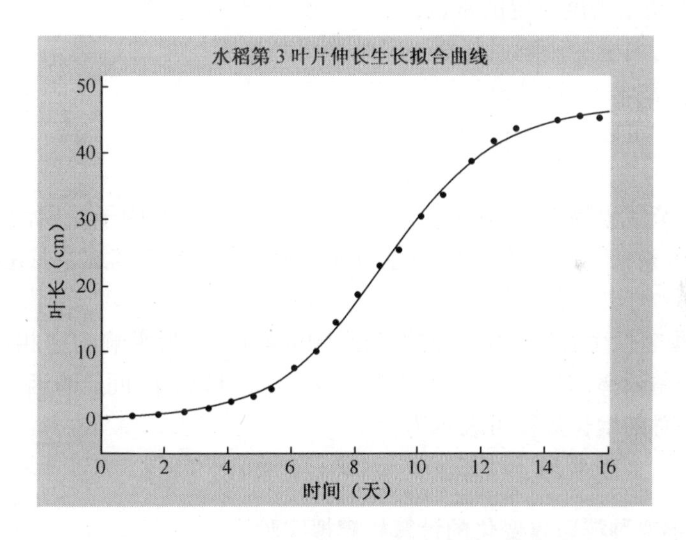

图 4.5　水稻第 3 叶片伸长拟合曲线

四、推广

从 Richards 模型的计算机模拟和生长过程的分析可以看出，随着参数 m 的滑动，该模型不仅包括了 Mitscherlich、Gompertz、Logistic 等模型，而且还包含了它们的中间过渡类型和更为广义的形状，因而对众多生物物种的多样性生长过程，在细胞、器官、个体与群体等不同层次具有广泛的适用性和较强的可塑性.

4.2 棉蚜等具季节性生物种群消长的实验

一、问题

逻辑斯蒂方程在总的增长趋势上很好地描述了种群的增长规律，但有一定局限性，不能十分准确地描述自然界中实际生物种群增长过程的波动性以及消亡等现象. 例如棉蚜与稻田中华按蚊幼虫是具有季节性生长特点的生物，因而对其生长过程的模拟需考虑季节性的周期性变化的影响. 下面在逻辑斯蒂模型的基础上我们建立如下的描述季节性生物生长的模型.

二、模型的建立

基本模型：logistic 模型

$$N(t) = K/(1 + e^{a-rt})$$

式中，$N(t)$为 t 时刻种群密度，K 为环境最大容纳量，r 为种群内禀增长率，a 是由 K 和种群初始密度决定的常数.

各种生态因子的影响最终都可归结为对环境容纳量的影响，从而影响种群的增长过程. 在数学上，这种总的影响可用一定的时间函数 $f(t)$来表示，因而种群的实际增长过程可表示为普适公式：

$$N(t) = [K(1 + f(t))]/(1 + e^{a-rt})$$

对于季节性生物来说，其生长过程主要受季节性生态因子周期性变化的影响. 因此，影响因素 $f(t)$的具体形式可近似地表示为单一的正弦或余弦函数，即

$$f(t) = h\cos(\alpha + \omega t)$$

式中，h 为季节性生态因子对种群增长影响的幅度，α 为影响的初相位，ω 为生态因子变化的角频率. 对于较复杂的情况，h 和 ω 亦可以为时间 t 的函数. 因此，季节性生物种群总的增长规律可表示为

$$N(t) = [K(1 + h\cos(\alpha + \omega t))]/(1 + e^{a-rt})$$

三、对棉蚜种群数量变化的计算机模拟实验

通过实验，有如表 4.3 所示的一组实验数据.

表 4.3 棉蚜种群数量变化的实验数据

t	1	2	3	4	5	6	7	8	9	10	11
y	3940	5186	6208	5420	3074	3384	1706	1100	710	316	20

对上述消长模型的各项参数的确定，采用最小二乘法对以上数据进行拟合，并与实测数据进行比较. 棉蚜种群消长拟合所得参数为：$K = 4206.7$，$a = 1.3$，$r =$

1.3, $h=1.0$, $\alpha=0.2$, $\omega=0.3$;相关系数为:$R=0.9647$.图 4.6 中实线为拟合曲线,点代表实际数据.

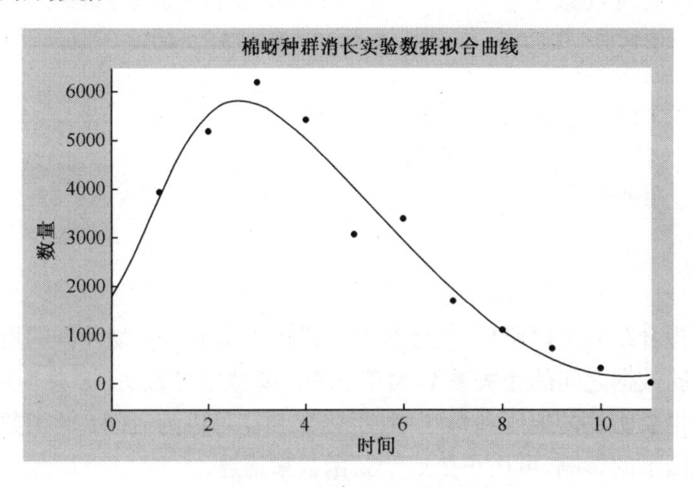

图 4.6　棉蚜种群消长的实验拟合

计算机模拟实验程序

```
clear all,clc
t=[1 2 3 4 5 6 7 8 9 10 11];    y=[3940 5186 6208 5420 3074 3384 1706 1100 710 316 20];
scatter(t,y,5,'r','filled'),hold on;
ji=inline('b(1).*(1+b(2).*cos(b(3)+b(4).*t))./(1+exp(b(5)-b(6).*t))','b','t');
b=[4200 1 1 0.1 0.1 0.20];
[beta,Res,Re]=LSQCURVEFIT(ji,b,t,y);
parameters=beta,predictions=y+Re
ss=sum((y-mean(y)).^2);rs=sum(Res.^2);R=(ss-rs)/ss
syms b t;b=beta;
y=subs(b(1).*(1+b(2).*cos(b(3)+b(4).*t))./(1+exp(b(5)-b(6).*t)));
ezplot(y,[0,11])
title('棉蚜种群消长实验数据拟合曲线'),xlabel('时间'),ylabel('数量')
```

```
运行结果为
parameters = 1.0e + 003 *
            4.2067   0.0010   0.0002   0.0003   0.0013   0.0013
predictions = 1.0e + 003 *
            3.8323 5.5295 5.7515 5.0468 4.0153 2.9312 1.9286
             1.0961 0.4995 0.1846 0.1755 0.9469
R =         0.9647
```

四、结论

由上述拟合结果可以看出,模型很好地描述了季节性生物种群的增长规律,拟合数据与实验数据之间的相关系数大于 0.90. 模型中参数 h、ω 分别反映了生态因子对种群增长影响的幅度和角频率,而且 h 和 ω 可以为时间 t 的函数,因此对于周期性生态因子的影响,可用正弦或余弦函数来描述.

4.3 混沌初探实验

一、问题与模型

种群的数量问题是生态学中普遍关注的问题. 其中 logistic 阻滞增长模型是其中一个应用相当广泛的模型. 其微分方程模型如下:

$$\begin{cases} \frac{\mathrm{d}x}{\mathrm{d}t} = rx(1 - \frac{x}{x_m}) \\ x(0) = x_0 \end{cases} \tag{4.1}$$

模型(4.1)中 r 表示种群的内禀增长率,x_m 表示种群的环境容纳量.

对生物种群,用繁殖周期作为时段来研究其增长规律比用连续时间更符合实际. 因而常用如下的差分形式表示:

$$x_{k+1} = x_k + rx_k(1 - \frac{x_k}{x_m}) = x_k(a - bx_k) \tag{4.2}$$

其中 $a = 1 + r, b = \frac{r}{x_m}$

通常,为了便于从数学角度来研究这一模型,对上面的差分方程(4.2)进行变换:$y = \frac{bx}{a}$,得到以下的标准形式

$$y_{k+1} = ay_k(1 - y_k) \tag{4.3}$$

由于 $r > 0$,故 $a > 1$

生物学家罗伯特·梅(R. May)对模型中的不同 a 值的序列作了认真的研究,发现这一简单的模型具有极其复杂的动力学行为,也就是今天所知的混沌现象. 下

面就这一现象做一些简单的实验.

二、混沌实验

1)当 $1<a<3$ 时,差分方程(4.3)具有稳定的平衡点 $y^*=1-\frac{1}{a}$,此时从一个繁殖周期来看,其数量的增长是稳定的.

2)当 $3<a<1+\sqrt{6}\approx 3.449$ 时,出现 2 倍周期的现象.即从一个繁殖周期来看,其数量的增长是不稳定的,但从两个繁殖周期来看,增长是稳定的.

3)当 $3.449<a<3.544$ 时,有 4 个稳定的平衡点,即出现 4 倍周期的现象.

4)当 $a>3.57$ 时,便不存在任何 2^n 倍周期的现象,$\{x_n\}$ 的趋势是一片混乱,这便是我们常说的混沌现象.

下面对 $a(>1)$ 取不同范围的值进行实验,得到以下各种情形的图像(见图 4.7).

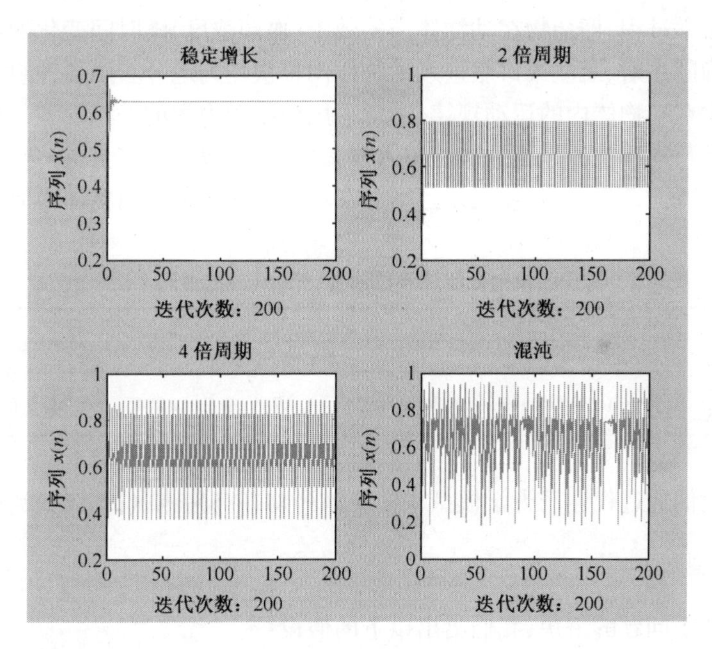

图 4.7 参数 a 取不同值时,迭代方程(4.3)所产生的现象

计算机模拟实验程序

```
clear all,clc
a = input('a = ');
```

```
x(1) = input('x(1) = ');    % 给定初值
for i = 2:200
  x(i) = a * x(i-1) * (1-x(i-1));
end
plot(x)
title('混沌现象观察')
xlabel('迭代次数:200')
ylabel('序列{x(n)}')
```

4.4 健康猪肌注给药的一室模型实验

一、问题

在畜牧兽医学中,为了给畜禽制定合理的临床给药方案,需要了解药物在畜禽体内的动力学过程,即药物在动物体内的数量(血药浓度)随时间变化的规律.有些药物通过静脉注射、肌注或口服进入动物体内很快均匀地分布到各种组织之中,对于这类药物在动物体内的运动规律,通常采用药物动力学的一室模型.

兽医类药物沙拉沙星通过肌注进入肉猪体内,吸收比较完全,符合药物动力学的一室模型特征,表 4.4 是注入该药物后在不同时间测得的肉猪体内血药浓度.

表 4.4　健康猪单剂量肌注沙拉沙星(5mg/kg)的血药浓度(ug/ml)

采血时间(h)	0.1	0.25	0.50	0.75	1	2	4	6	9	12	16
血药浓度(ug/ml)	0.58	0.89	1.06	1.34	1.21	1.17	0.7	0.46	0.24	0.14	0.10

下面我们通过代谢动力学模型来模拟该药物在肉猪体内扩散与吸收的规律.

二、模型

为了便于问题的解决,我们给出以下的假设:

假设 1　药物沙拉沙星通过肌肉注射或皮下注射或口服等方式进入动物体内后,经过一段过程,在机体内各部分均匀分布,因此我们可将有机体设想成一个房室,称为分布室. V 表示假想的该室的容积,称表现分布容积; $D(t)$ 和 $C(t)$ 分别表示 t 时刻室内的药量和浓度: $V=D(t)/C(t)$.

假设 2　为反映药物沙拉沙星的吸收过程,在分布室前增加一个吸收室,其中 $C_a(t)$, k_a 分别表示分布室的药物浓度和吸收速率常数.

假设 3　室内物质外流速度正比于该室内的药量.

对于模型的建立,药物在肉猪体内扩散与吸收的过程如图 4.8 所示.

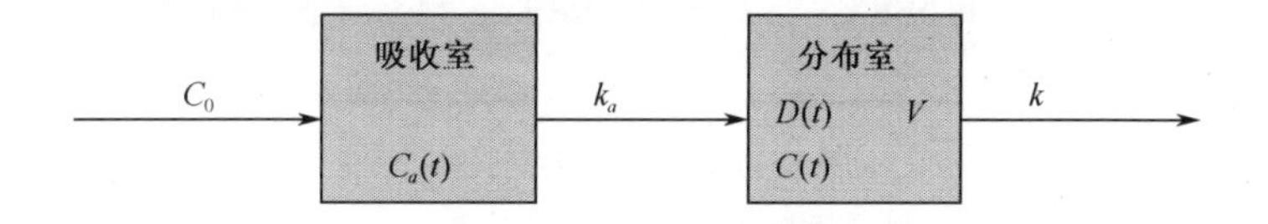

图 4.8　药物的扩散与吸收过程

血管外供药的一室模型如图 4.8 所示,图中 C_0 表示肉猪的肌注沙拉沙星的药物总量;k 是清除速率常数.用数学语言来描述上述过程,我们有关于沙拉沙星在肉猪体内血药浓度的微分方程.

对于吸收室有

$$\frac{\mathrm{d}C_a(t)}{\mathrm{d}t}=-k_aC_a(t)$$

对分布室有

$$\frac{\mathrm{d}C(t)}{\mathrm{d}t}=-k_aC_a(t)-kC(t)$$

其右端第一项是由吸收室流入药物后带来的影响,后一项则是由分布室消除引起的影响,把上述两个方程连同初始条件写在一起便是一阶线性常系数齐次方程组

$$\begin{cases}\dfrac{\mathrm{d}C_a(t)}{\mathrm{d}t}=-k_aC_a(t)\\ \dfrac{\mathrm{d}C(t)}{\mathrm{d}t}=-k_aC_a(t)-kC(t)\\ C_a(0)=C_0,C(0)=0\end{cases}$$

其中 C_0,k_a 和 k 是模型参数.

三、计算机模拟

我们用 MATLAB 程序来求解上述微分方程,并拟合数据确定沙拉沙星在肉猪体内的一室模型参数.

解微分方程,得

$$C(t)=\frac{k_a}{k_a-k}C_0(\mathrm{e}^{-kt}-\mathrm{e}^{-k_at})$$

令 $M=\dfrac{k_a}{k_a-k}C_0$,得

$$C(t)=M(\mathrm{e}^{-kt}-\mathrm{e}^{-k_at})$$

沙拉沙星肌注时拟合参数

$$M = 1.5885 \qquad k = 0.1989 \qquad k_a = 3.7341$$

拟合相关系数为0.9741,拟合曲线见图4.9.

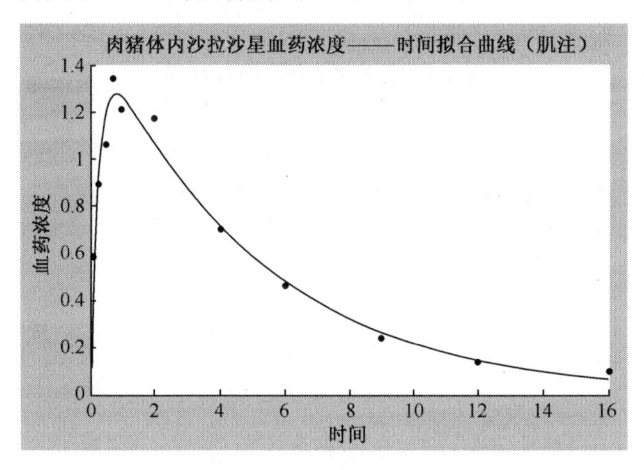

图4.9　时间拟合曲线

计算机模拟实验程序

```
clear all,clc
syms ka k c0;
[c ca] = dsolve('Dca = -ka * ca','Dc = ka * ca - k * c','ca(0) = c0','c(0) = 0');
c
t = [0.1  0.25  0.50  0.75  1  2  4  6  9  12  16];
c = [0.58  0.89  1.06  1.34  1.21  1.17  0.7  0.46  0.24  0.14  0.10];
myfun = inline('b(1) * (exp( - b(2). * t) - exp( - b(3). * t))','b','t');   %建立C(t)的
函数
b = [0.1 0.1 0.2];
[beta Re] = nlinfit(t, c, myfun, b);   %非线性最小二乘拟合(牛顿法)
M = beta(1),k = beta(2),ka = beta(3)
ss = sum((c - mean(c)). ^2);
rs = sum((Re. ^2));
R = (ss - rs)/ss
scatter(t,c,5,'r','filled')
t = 0:0.1:16;
hold on;
```

```
plot(t,myfun(beta,t))
title('肉猪体内沙拉沙星血药浓度——时间拟合曲线(肌注)');
xlabel('时间');ylabel('血药浓度')
```

四、结论

由上述拟合结果可以看出,健康猪肌注给药的药时数据适合一室模型,拟合数据与实验数据之间的相关系数大于 0.90,而且拟合曲线上升和下降都比较陡峭,说明肌注给药时药物在机体内吸收和消除都很迅速,吸收完全,因此对于兽医药物沙拉沙星肌注是比较理想的给药方式.

4.5　被食者-食者系统的数学模型实验

一、问题

在生物的种间关系中,一种生物以另一种生物为食的现象,称为捕食.一般说来,由于捕食关系,当捕食动物数量增长时,被捕食动物数量即逐渐下降;捕食动物由于食物来源短缺,数量也随之下降,而被捕食动物数量却随之上升.这样周而复始,捕食动物与被捕食动物的数量随时间变化形成周期性的震荡.

麦蚜及其天敌的田间种群消长动态规律也是如此(见图 4.10,为实验调查数据的连线图),图 4.10 表明无论是麦蚜或者天敌的数量都呈周期性的变化,麦蚜-天敌作用系统随时间序列推移,麦蚜密度逐渐增加,天敌密度也追随它增加,但时间上落后一步,由于天敌密度增加,必然降低麦蚜密度,而麦蚜密度的降低,则天敌密度亦将减少,如此往复循环,形成一定的周期,下面用数学模型来描述这一现象.

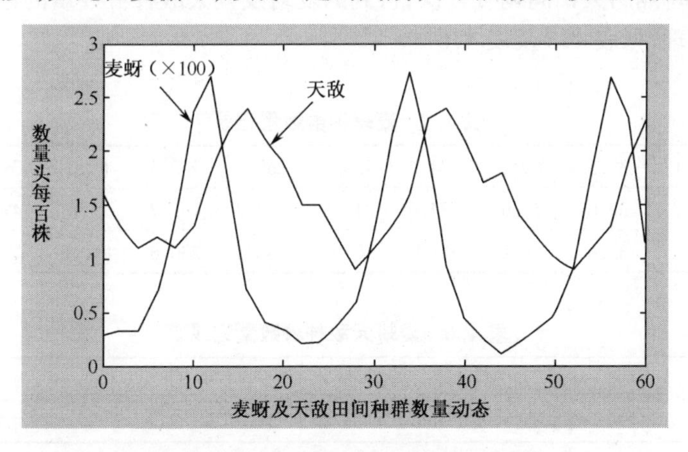

图 4.10　麦蚜及天敌的田间种群数量动态

二、模型

设 $x(t)$和 $y(t)$分别表示 t 时刻麦蚜和天敌的数量.如果单独生活,麦蚜的增长速率正比于当时的数量

$$\frac{dx}{dt} = \lambda x$$

而天敌由于没有被食对象,其数量减少的速率正比于当时的数量

$$\frac{dy}{dt} = -\mu y$$

现在麦蚜和天敌两者生活在一起,麦蚜一部分遭到其天敌的消灭,于是以一定的速率 α 减少,减少的量正比于天敌的数量,因此有

$$\frac{dx}{dt} = \lambda x - \alpha y \cdot x$$

类似地,天敌有了食物,数量减少的速率 μ 将减少 β,减少的量也正比于麦蚜的数量,因此有

$$\frac{dy}{dt} = -\mu y + \beta x \cdot y$$

后面两个方程联合起来称为 Volterra-Lotoka 方程,其中 α,β,λ,μ 均为正数,初始条件为

$$x(0) = x_0, y(0) = y_0$$

三、计算机模拟

下面是每隔两天田间调查一次,得到的麦蚜及其天敌种群数量的记录,数量的单位经过处理,见表 4.5 及表 4.6.

表 4.5　麦蚜种群数量记录

29.7	33.1	32.5	69.1	134.2	236.0	269.6	162.3	69.6	39.8	34.0
20.7	21.7	37.6	57.6	124.6	215.8	272.7	195.7	95.0	41.9	25.7
10.9	22.6	33.6	48.1	92.5	183.3	268.5	230.6	111.1		

表 4.6　麦蚜天敌种群数量记录

1.6	1.3	1.1	1.2	1.1	1.3	1.8	2.2	2.4	2.1	1.9	1.5	1.5	1.2	0.9	1.1
1.3	1.6	2.3	2.4	2.1	1.7	1.8	1.4	1.2	1.0	0.9	1.1	1.3	1.9	2.3	

Volterra-Lotoka 方程的解析解和 x,y 的显式解很难求出,因此该方程的参数不易直接用 MATLAB 函数来拟合求解,下面是其参数估计的一种方法.

变换 Volterra-Lotoka 方程可写成

$$\begin{cases} \mathrm{d}\ln x = (\lambda - \alpha y)\mathrm{d}t \\ \mathrm{d}\ln y = (-\mu + \beta x)\mathrm{d}t \end{cases}$$

在区间$[t_i, t_{i-1}]$上的积分,得

$$\ln x_i - \ln x_{i-1} = \lambda(t_i - t_{i-1}) - \alpha S_{1i}$$
$$\ln y_i - \ln y_{i-1} = -\mu(t_i - t_{i-1}) + \beta S_{2i}$$

其中

$$S_{1i} = \int_{t_{i-1}}^{t_i} y\mathrm{d}t, S_{2i} = \int_{t_{i-1}}^{t_i} x\mathrm{d}t, i = 1,2,\cdots,m$$

于是得到参数的方程组:$\begin{cases} A_1P_1 = B_1 \\ A_2P_2 = B_2 \end{cases}$

其中

$$A_1 = \begin{bmatrix} t_1 - t_0 & -S_{11} \\ t_2 - t_1 & -S_{12} \\ \vdots & \vdots \\ t_m - t_{m-1} & -S_{1m} \end{bmatrix}, A_2 = \begin{bmatrix} t_1 - t_0 & S_{21} \\ t_2 - t_1 & S_{22} \\ \vdots & \vdots \\ t_m - t_{m-1} & S_{2m} \end{bmatrix}, P_1 = \begin{bmatrix} \lambda \\ \alpha \end{bmatrix}, P_2 = \begin{bmatrix} -\mu \\ \beta \end{bmatrix}$$

$$B_1 = \left[\ln\frac{x_1}{x_0} \quad \ln\frac{x_2}{x_1} \quad \cdots \quad \ln\frac{x_m}{x_{m-1}}\right]^{\mathrm{T}}, \quad B_2 = \left[\ln\frac{y_1}{y_0} \quad \ln\frac{y_2}{y_1} \quad \cdots \quad \ln\frac{y_m}{y_{m-1}}\right]^{\mathrm{T}}$$

因此方程组参数的最小二乘解为

$$P_1 = (A_1^{\mathrm{T}}A_1)^{-1}A_1^{\mathrm{T}}B_1, P_2 = (A_2^{\mathrm{T}}A_2)^{-1}A_2^{\mathrm{T}}B_2$$

由于$x(t)$和$y(t)$均为未知,因此S_{1i},S_{2i}不能直接求出,利用数值积分法中的梯形法公式得

$$S_{1i} = \int_{t_{i-1}}^{t_i} x\mathrm{d}t \approx \frac{t_i - t_{i-1}}{2}(y_i + y_{i-1}), S_{2i} = \int_{t_{i-1}}^{t_i} x\mathrm{d}t \approx \frac{t_i - t_{i-1}}{2}(x_i + x_{i-1})$$

这样可求得参数的近似解.

计算机模拟实验程序

```
clear all,clc
x=[29.7 33.1 32.5 69.1   134.2 236.0 269.6 162.3 69.6 39.8 34.0   20.7...
    21.7 37.6 57.6 124.6 215.8 272.7 195.7 95.0   41.9 25.7 10.9   22.6...
    33.6 48.1 92.5 183.3 268.5 230.6 111.1];
y=[1.6 1.3 1.1 1.2 1.1 1.3 1.8 2.2 2.4 2.1 1.9 1.5 1.5 1.2 0.9 1.1 1.3...
    1.6 2.3 2.4 2.1 1.7 1.8 1.4 1.2 1.0 0.9 1.1 1.3 1.9 2.3];
N=[x:y];
T=[0:2:60];
for i=2:31
```

```
        A(i-1,1) = T(i) - T(i-1);
        A(i-1,[2,3]) = (T(i) - T(i-1))/2 * [N(1,i) + N(1,i-1)  -(N(2,i) + N(2,i-
1))];
        B(i-1,:) = log([N(1,i)/N(1,i-1) N(2,i)/N(2,i-1)]);
    end;
    A1 = A(:,[1 3]);
    P1 = inv((A1' * A1)) * A1' * B(:,1)
    A2 = A(:,[1 2]);
    P2 = inv((A2' * A2)) * A2' * B(:,2)
```

```
运行结果为
    P1 =
        0.8958    0.5632
    P2 =
        -0.1037   0.0010
```

将上述结果代入 Volterra-Lotoka 方程,然后用 MATLAB 函数 ode45 求方程在时间[0,60]的数值解,作图观察麦蚜及其天敌数量的周期性震荡.见图 4.11,其中方块和圆点分别为麦蚜和天敌的实际观测值,麦蚜的数量等于 y 轴坐标值乘以 100.

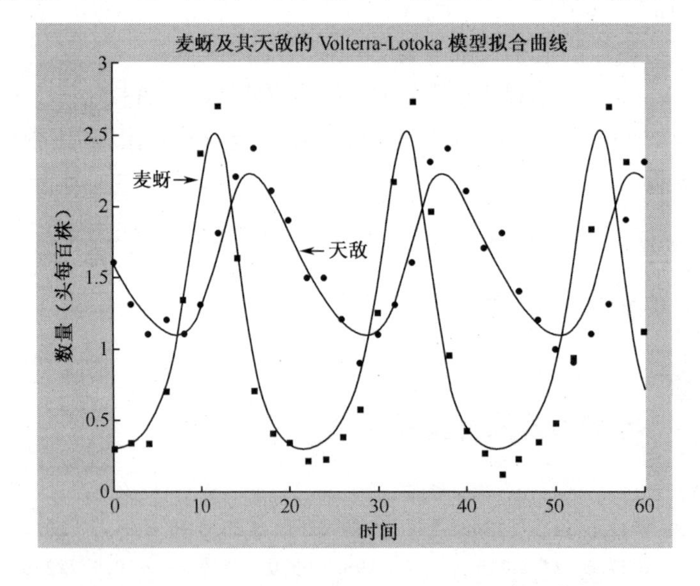

图 4.11 麦蚜及天敌的 Volterra-Lotoka 模型拟合曲线

计算机模拟实验程序

```
clear all,clc
```

```
x=[29.7 33.1 32.5 69.1 134.2 236.0 269.6 162.3 69.6 39.8 34.0 20.7...
    21.7 37.6 57.6 124.6 215.8 272.7 195.7 95.0 41.9 25.7 10.9 22.6...
    33.6 48.1 92.5 183.3 268.5 230.6 111.1];
y=[1.6 1.3 1.1 1.2 1.1 1.3 1.8 2.2 2.4 2.1 1.9 1.5 1.5 1.2 0.9 1.1 1.3...
    1.6 2.3 2.4 2.1 1.7 1.8 1.4 1.2 1.0 0.9 1.1 1.3 1.9 2.3];
T=[0:2:60];
M='*';
scatter(T,'x'/100,5,M,'b','filled')
hold on;
scatter(T,'y',3,'m','filled')
hold on;
[t,y]=ode45(@vlok,[0:0.5:60],[29.7 1.6]);
plot(t,[y(:,1)/100])
hold on;
plot(t,y(:,2),'m')
title('麦蚜及其天敌的Volterra-Lotoka模型拟合曲线')
xlabel('时间'),ylabel('数量(头每百株)')
text(3,2.2,'麦蚜\rightarrow');text(22,1.7,'\leftarrow天敌');
```

程序中所定义的函数vlok为:

```
[vlok.m]
function dydt=vlok(t,y)
dydt=[(0.8958-0.5632*y(2))*y(1);(-0.1037+0.0010*y(1))*y(2)];
```

4.6 蛋用鸡饲料配方的线性规划实验

一、问题

配制完善而又平衡的饲料,使其满足蛋用种鸡各种营养物质的需要,是养好蛋用种鸡、提高饲料的转化效率和增加产蛋量的关键技术之一.1981年由营养研究会公布的“鸡饲养标准(实行方案)”规定了蛋用种鸡必须达到以下指标(见表4.7).

表4.7 蛋用种鸡产蛋率<65%的饲养标准

代谢能 兆卡/千克	粗蛋白 克/千克	量比蛋白质能 克/兆卡	粗纤维 克/千克	赖氨酸 克/千克	蛋氨酸 克/千克	钙 克/千克	磷 克/千克	食盐 克/千克
2.75范围 2.7~2.8	140 135~145	≥51	<50	≥5.6	≥2.5	30 23~40	6 4.6~6.5	3.7

各种饲料含有以上物质的量是不同的，价格也不相同，见表4.8.

表4.8 输入饲料原料的营养成分及价格表

编号	设计规定的约束										
	品名	单价/(元/千克)	用量/%	代谢能/(兆卡/千克	粗蛋白/(克/千克)	粗纤维/(克/千克)	赖氨酸/(克/千克)	蛋氨酸/(克/千克)	钙/(克/千克)	磷/(克/千克)	食盐/(克/千克)
X_1	玉米	0.242	40～55	3.30	78	16	2.3	1.2	0.7	0.3	
X_2	小麦	0.272	10～15	3.08	114	22	3.4	1.7	0.6	0.34	
X_3	麦	0.10	10～20	1.78	142	95	6.0	2.3	0.3	10.0	
X_4	米糠	0.10	≤15	2.10	117	72	6.5	2.7	1.0	13.0	
X_5	豆饼	0.17	≤10	2.50	402	49	24.1	5.1	3.2	5.0	
X_6	菜籽饼	0.134	3～5	1.62	360	113	8.1	7.1	5.3	8.4	
X_7	鱼粉	0.82	≤5	2.00	450	0	29.1	11.8	63	27	
X_8	槐叶粉	0.20	3～5	1.61	170	108	10.6	2.2	4.0	4.0	
X_9	*DL*-蛋氨酸	12.00						980			
X_{10}	骨粉	0.192							300	140	
X_{11}	碳酸钙	0.52	2.5						400		
X_{12}	食盐	0.18									1000

又注意到饲料的适口性，有怪味的饲料必须限制用量，含有霉素的饲料如棉、菜籽饼要控制在经验用量以内，见表4.9.

表4.9 饲料用量限制

玉米	小麦	麦	米糠	豆饼	菜籽饼	鱼粉	槐叶粉
400～500	100～150	100～200	≤150	≤100.00	30～50	≤50	30～50

为了达到以上指标和要求，并给蛋用种鸡提供丰富的营养，同时又要尽量降低成本，必须使用营养配制合理、成本经济的饲料配方.

二、模型

我们可以把该问题归结为一个线性规划问题，目标函数即为该饲料配方的成本函数，约束条件为该饲料配方必须满足蛋用鸡饲养标准及各种饲料用量的限制，数学模型如下：

目标函数：

$$\min(S) = 0.242X_1 + 0.272X_2 + 0.10X_3 + 0.10X_4 + 0.17X_5 +$$

$$0.134X_6 + 0.82X_7 + 0.20X_8 + 12.0X_9 + 0.192X_{10} + 0.52X_{11}$$

约束条件：

s.t.

总重量限制	$X_1 + X_2 + X_3 + X_4 + X_5 + X_6 + X_7 + X_8 + X_9 + X_{10} + X_{11} = 996.3$
代谢能限制	$2700 \leqslant 3.30X_1 + 3.08X_2 + 1.78X_3 + 2.10X_4 + 2.50X_5 + 1.62X_6 + 2.00X_7 + 1.61X_8 < 2800$
粗蛋白限制	$135000 \leqslant 78X_1 + 114X_2 + 142X_3 + 117X_4 + 402X_5 + 360X_6 + 450X_7 + 170X_8 < 145000$
粗纤维限制	$16X_1 + 22X_2 + 95X_3 + 72X_4 + 49X_5 + 113X_6 + 0X_7 + 108X_8 < 50000$
赖氨酸限制	$2.3X_1 + 3.4X_2 + 6.0X_3 + 6.5X_4 + 24.1X_5 + 8.1X_6 + 29.1X_7 + 10.6X_8 \geqslant 5600$
蛋氨酸限制	$1.2X_1 + 1.7X_2 + 2.3X_3 + 2.7X_4 + 5.1X_5 + 7.1X_6 + 11.8X_7 + 2.2X_8 + 980X_9 \geqslant 2500$
钙限制	$23000 \leqslant 0.7X_1 + 0.6X_2 + 0.3X_3 + 1.0X_4 + 3.2X_5 + 5.3X_6 + 63X_7 + 4.0X_8 + 300X_{10} + 400X_{11} < 40000$
磷限制	$4600 \leqslant 0.3X_1 + 0.34X_2 + 10.0X_3 + 13.0X_4 + 5.0X_5 + 8.4X_6 + 27X_7 + 4.0X_8 + 140X_{10} < 6500$
原料用量限制	$400 \leqslant X_1 < 500, 100 \leqslant X_2 < 150, 100 \leqslant X_3 < 200, 0 \leqslant X_4 < 150, 0 \leqslant X_5 < 100, 30 \leqslant X_6 < 50, 0 \leqslant X_7 < 50, 30 \leqslant X_8 < 50, 0 \leqslant X_9, 0 \leqslant X_{10}, 0 \leqslant X_{11}$

三、计算机模拟

将上述线性规划模型作简单变换化为标准形，可用 MATLAB 程序求解，具体变换如下：

$$y_1 = x_1 - 400, y_2 = x_2 - 100, y_3 = x_3 - 100, y_4 = x_4, y_5 = x_5$$

$$y_6 = x_6 - 30, y_7 = x_7, y_8 = x_8 - 30, y_9 = x_9, y_{10} = x_{10}, y_{11} = x_{11}$$

计算机模拟实验程序

```
clear all,clc
std = [400 100 100 0 0 30 0 30 0 0 0]';
f = [0.242 0.272 0.10 0.10 0.17 0.134 0.82 0.20 12.0 0.192 0.52];
Ae = ones(1,11);Be = 996.3 - Ae * std; % 标准化输入棕量 Be
A = [3.30 3.08 1.78 2.10 2.50 1.62 2.00 1.61 0   0   0;...
  3.30 3.08 1.78 2.10 2.50 1.62 2.00 1.61 0   0   0;...
  78   114   142   117   402   360   450   170   0   0   0;...
  78   114   142   117   402   360   450   170   0   0   0;...
```

```
    16   22  95  72  49  113  0   108  0  0  0;...
    2.3  3.4  6.0  6.5  24.1  8.1  29.1  10.6  0  0  0;...
    1.2  1.7  2.3  2.7  5.1  7.1  11.8  2.2  980  0  0;...
    0.7  0.6  0.3  1.0  3.2  5.3  63  4.0  0  300  400;...
    0.7  0.6  0.3  1.0  3.2  5.3  63  4.0  0  300  400;...
    0.3  0.34  10.0  13.0  5.0  8.4  27  4.0  0  140  0;...
    0.3  0.34  10.0  13.0  5.0  8.4  27  4.0  0  140  0];
b=[2700 2800 135000 145000 50000 5600 2500 23000 40000 4600 6500]'-A*std; %标准化输入棕量 b
b([1,3,6,7,8,10],:)=-b([1,3,6,7,8,10],:);  %标准化输入棕量 b
A([1,3,6,7,8,10],:)=-A([1,3,6,7,8,10],:);  %标准化输入棕量 A
lb=zeros(1,11);ub=[550 150 200 150 100 50 50 50 0 0 0]-std';  %标准化输入棕量 lb,ub
ub([9 10 11])=[inf inf inf];
[X fmin]=linprog(f,A,b,Ae,Be,lb,ub);  %线性规划
X=(X+std)',S=fmin+f*std  %返回原始的 X,S 的优化值
```

```
运行结果为
X=
    550.0000   102.1613   100.0000   0.0000   100.0000   45.8069
    9.9181     30.0000    0.4266     19.7878  38.1994
S=
    236.9409
```

四、结论

在事先约束的饲料用量条件下的适用于产蛋率<65%的蛋鸡配合饲料的最佳饲料配方(见表 4.10).

表 4.10　产蛋率<65%的蛋鸡配合饲料的最佳饲料配方表

玉米 X_1	小麦 X_2	麦 X_3	米糠 X_4	豆饼 X_5	菜籽饼 X_6	鱼粉 X_7	槐叶粉 X_8	蛋氨酸 X_9	骨粉 X_{10}	碳酸钙 X_{11}
550.00	102.16	100.00	0.00	100.00	45.81	9.92	30.00	0.43	19.79	38.19

最低饲料成本为 236.94 元/千克.

4.7　生命表的组建实验

生命表是表示特定年龄的同年群个体生存和死亡概率的表格,它是种群活力

和动态的有效总结，显示出种群死亡数、生存数以及未来的发展趋势，反映出种群从出生到死亡的数量动态．也可以说，生命表是反映任一年龄级的种群能以龄级 x 生存至 x+1 间的个体数目比例的一览表．因而生命表在种群动态模拟中具有重要的意义．

表 4.11 是成年雄性果蝇的生命表．

表 4.11　成年雄性果蝇的生命表

年龄区间/天	$(x, x+n)$	(1)	0～5	5～10	10～15	15～20	20～25	25～30	30～35
天时存活数	lx	(2)	270	268	264	261	254	251	248
年龄区间/天	$(x, x+n)$	(1)	35～40	40～45	45～50	50～55	55～60	60+	
天时存活数	lx	(2)	232	166	130	76	34	13	

通常需要对生命表完成以下的计算工作：

(1)第(2)列和第(3)列分别记录每个以 5 天为间隔的区间里存活的数目和死亡的数目．

(2)第(4)列记录每个区间里 dx 被 lx 除的结果，即死亡概率 qx．

(3)利用下列关系式对每个年龄计算 L1x，Tx 和 ex，分别记录在第(5)，(6)和(7)列．对所有的区间，ex 都取 0.5．

Li = ni * li + 1 + ai * ni * di，i = 0，1，. . .，w，式中，a 为终寿时间成数，可据实验或经验估计．

Ti = Li + Li + 1 + . . . + Lw，i = 0，1，. . .，w，式中，w 为最后一个年龄区间的起点．

则 xi 岁时的观察期望寿命为

$$e_i = \frac{1}{l_i}T_i = \frac{1}{l_i}\sum L_i = \frac{1}{l_i}\left[\sum_{j=1}^{w-1}(n_i l_i + a_i n_i d_i) + a_w n_w d_w\right] \quad i = 0,1,\cdots,w$$

一、雄性果蝇的寿命分析与模型的建立

设 k 表示第 k 段的年龄区间，因而上述所需解决的各项指标可用如表 4.12 所示的公式表示．

表 4.12

符号	意义	公式
T(k)	第 k 段年龄区间	已知
lx(k)	第 k 段年龄区间对应的天时存活数	已知
dx(k)	第 k 段年龄区间对应的死亡数	$dx(k) = \begin{cases} lx(k) - lx(k+1) & 1 \leqslant k \leqslant 12 \\ lx(13) & k = 13 \end{cases}$

续表

符号	意义	公式
qx(k)	第k段年龄区间对应的死亡数概率	$qx(k)=\dfrac{dx(k)}{lx(x)}$
Llx(k)	第k段年龄区间对应的生活时间	$L1x(k)=\begin{cases}\dfrac{lx(k)+lx(k+1)}{2}*5 & 1\leqslant k\leqslant 12\\ \dfrac{lx(13)}{2}*5 & k=13\end{cases}$
Tx(k)	第5*(k-1)天后的生活时间	$Tx(k)=\sum_{i=k}^{m}L1x(i)$
ex(k)	第5*(k-1)天时的观察期望寿命	$ex(k)=\dfrac{Tx(k)}{lx(k)}$

对于雄性果蝇的各项指标的计算,经过MATLAB编程后,结果见表4.13.

表4.13

年龄区间/天	天时存活数	(x,x+n)内死亡数	(x,x+n)内死亡概率	(x,x+n)内生活时间	x天后的生活时间	x天
(x,x+n)	lx	dx	qx	Llx	Tx	ex
(1)	(2)	(3)	(4)	(5)	(6)	(7)
0~5	270	2	0.00741	1345	11660	43.2
5~10	268	4	0.01493	1330	10315	38.5
10~15	264	3	0.01136	1312	8985	34.0
15~20	261	7	0.02682	1288	7673	29.4
20~25	254	3	0.01181	1262	6385	25.1
25~30	251	3	0.01195	1248	5123	20.4
30~35	248	16	0.06452	1200	3875	15.6
35~40	232	66	0.28448	995	2675	11.5
40~45	166	36	0.21687	740	1680	10.1
45~50	130	54	0.41538	515	940	7.2
50~55	76	42	0.55263	275	425	5.6
55~60	34	21	0.61765	118	150	4.4
60+	13	13	1.000 00	32	32	2.5

二、雌性果蝇的寿命分析与模型的建立

下面另有一张雌性成虫的生命数据,可作成类似的生命表(见表4.14),其中黑体部分为原始的调查数据.

表 4.14

年龄区间/天	天时存活数	(x,x+n)内死亡数	(x,x+n)内死亡概率	(x,x+n)内生活时间	x天后的生活时间	x天时的观察期望寿命
(x,x+n)	1x	dx	qx	L1x	Tx	ex
(1)	(2)	(3)	(4)	(5)	(6)	(7)
0～5	275	4	0.01455	1365	10303	37.5
5～10	271	7	0.02583	1338	8938	33.0
10～15	264	3	0.01136	1312	7600	38.8
15～20	261	7	0.02682	1288	6288	24.1
20～25	254	13	0.05113	1238	5000	19.7
25～30	241	22	0.09129	1150	3762	15.6
30～35	219	31	0.14155	1018	2612	11.9
35～40	188	68	0.36170	770	1594	8.5
40～45	120	51	0.42500	472	824	6.9
45～50	69	38	0.55072	250	352	5.1
50～55	31	26	0.83871	90	102	3.3
55+	5	5	1.00000	12	12	2.5

计算机模拟实验程序

```
function [dx,qx,Llx,tx,ex] = example1(lx,t)
% dx——各年龄段死亡数,          qx——各年龄段死亡概率
% Llx——各年龄段生活时间       Tx——x天后生活时间        ex——求期望寿命
% x——观测到的天时存活数,以列矩阵的形式输入       t——观测的时间间隔
n = size(lx,1);
disp('1.求各年龄段死亡数 dx:')
lx1 = lx(1:n-1);lx2 = lx(2:n);
dx(1:n-1) = lx1 - lx2;dx(n) = lx(n);dx = dx'

disp('2.求各年龄段死亡概率 qx:')
qx = dx./lx
disp('3.求各年龄段生活时间 Llx:')
Llx = 5 * (lx1 + lx2)/2;Llx(n) = 5 * lx(n)/2;Llx
disp('4.求 x 天后生活时间 Tx:')
for k = 1:n
    temp = Llx(k:n);
```

```
    Tx(k) = sum(temp);
end
Tx = Tx'
disp('5.求期望寿命 ex:')
ex = Tx./lx
```

(4)问题 1、2 求解:

```
clear all,clc
t = 5;          % 时间间隔
disp('一、问题 1:')
lx = [270 268 264 261 254 251 248 232 166 130 76 34 13]';
[dx,qx,Llx,Tx,ex] = example1(lx,t);
disp('二、问题 2:')
lx = [275 271 264 261 254 241 219 188 120 69 31 5]';
[dx,qx,Llx,Tx,ex] = example1(lx,t);
```

三、雄性果蝇与雌性果蝇存活曲线与死亡曲线

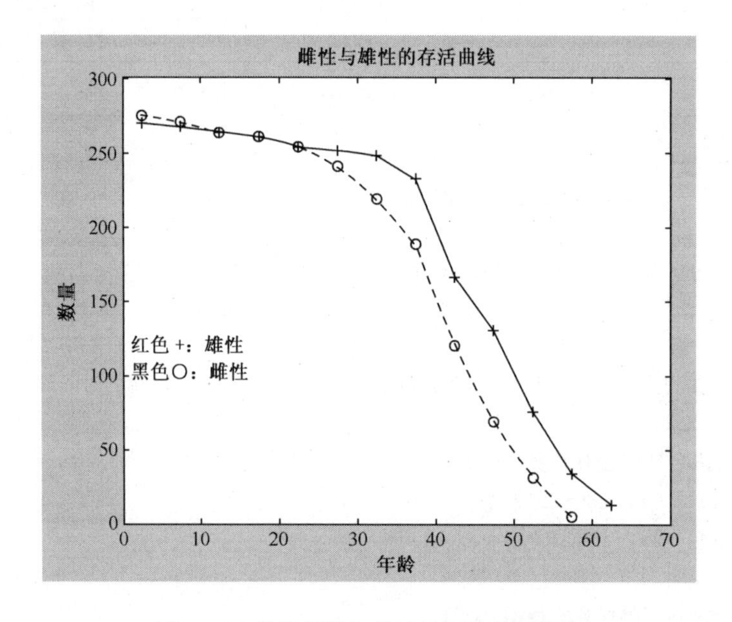

图 4.12　雄性果蝇与雌性果蝇的存活曲线

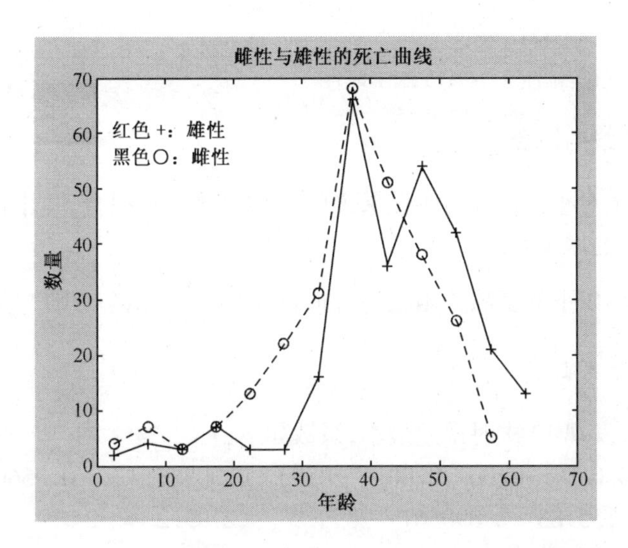

图 4.13　雄性果蝇与雌性果蝇的死亡曲线

计算机模拟实验程序

```
clear all,clc
t = 5;          % 时间间隔
% 雄性
lx1 = [270 268 264 261 254 251 248 232 166 130 76 34 13]';
[dx1,qx1,Llx1,Tx1,ex1] = example1(lx1,t);

% 雌性
lx2 = [275 271 264 261 254 241 219 188 120 69 31 5]';
[dx2,qx2,Llx2,Tx2,ex2] = example1(lx2,t);
n1 = size(lx1,1);n2 = size(lx2,1);

% 作雌性与雄性的存活曲线
figure(1),plot(1:n1,lx1,'r',1:n2,lx2,' b')
title('雌性与雄性的存活曲线')
xlabel('时间'),ylabel('数量')
text(1,120,'红色:雄性'),text(1,100,'雌性')

% 作雌性与雄性的死亡曲线
figure(2),plot(1:n1,dx1,'r',1:n2,dx2,'b')
title('雌性与雄性的死亡曲线')
```

```
xlabel('时间'),ylabel('数量')
text(1,60,'红色:雄性'),text(1,55,'雌性')
```

四、生存曲线的拟合

下面进一步对雄性果蝇与雌性果蝇的生存曲线进行拟合,并由此而计算雌雄果蝇在第 23 天的增长率.

生存曲线用以下的多项式函数进行拟合,即 $y=\sum_{i=0}^{n}a_i y^{n-i}$,则

1. 雄性的生存曲线

通过比较,发现 12 次时误差最小,系数如下:

−0.00　0.00　−0.00　0.00　−0.00　0.0018614　−0.056017　1.1696
−16.66　155.83　−890.61　2699.9　−2799.2

图形比较见图 4.14.

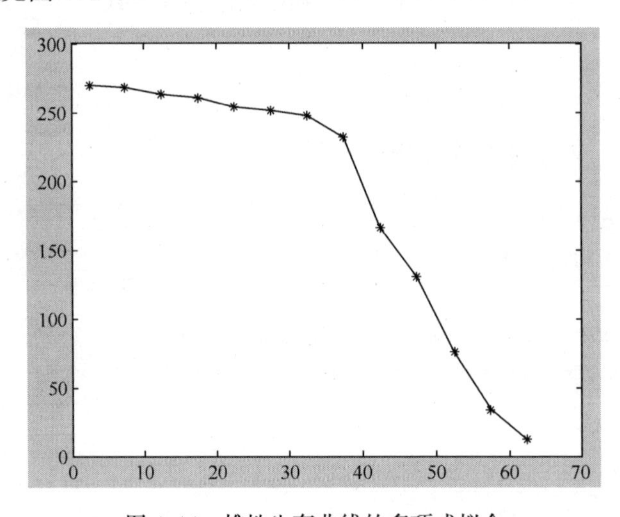

图 4.14　雄性生存曲线的多项式拟合

2. 雌性的生存曲线

比较后发现 11 次时误差最小,系数如下:

0.0000　−0.0000　0.0000　−0.0000　0.0003　−0.0109　0.2506
−3.8641　38.5043　−231.3720　727.6828　−570.8232

关于第 23 天的增长率,可对拟合函数关于 23 求导,得到增长率为 −1.5308

图形比较见图 4.15.

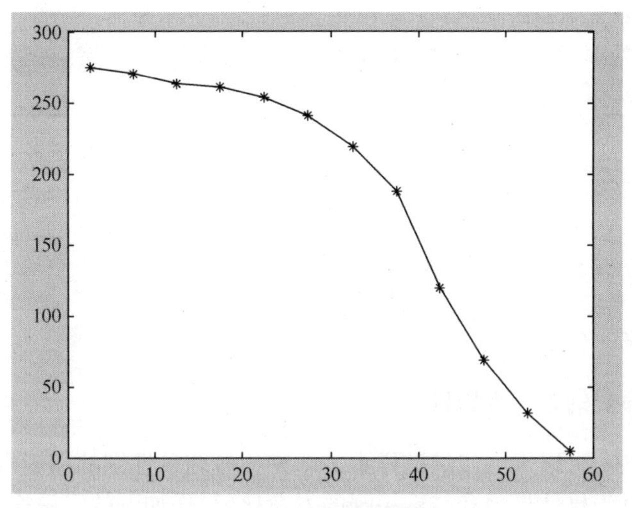

图 4.15　雌性生存曲线的多项式拟合

计算机模拟实验程序

```
clear all,clc
t=5;         %时间间隔
y11=[270 268 264 261 254 251 248 232 166 130 76 34 13]'; %雄性
y21=[275 271 264 261 254 241 219 188 120 69 31 5]'; %雌性
n1=size(y11,1);n2=size(y21,1);

format short g
disp('1、拟合雄性的存活曲线')
for i=1:n1
    t1(i,1)=5*i-2.5;
end
[p1,s1]=polyfit(t1,y11,12);p1,s1
y12=polyval(p1,t1);
figure(1),plot(t1,y12,'k-',t1,y11,'*')

disp('2、拟合雌性的存活曲线')
for i=1:n2
    t2(i,1)=5*i-2.5;
end
[p2,s2]=polyfit(t2,y21,11);p2,s2
```

```
y22 = polyval(p2,t2);
figure(2),plot(t2,y22,'k-',t2,y21,'*')

disp('3、雌性在第 23 天的增长率:')
cof = 11:-1:0;
x0(12) = 0;
for i = 11:-1:1
    x0(11-i+1) = 23^(i-1);
end
result23 = sum((p2.*cof).*x0)
```

五、对生命表的进一步探讨

通过生命表,可以进一步借助样本方差来比较两种性别的期望寿命、存活概率或死亡概率.对于雄性果蝇和雌性果蝇的寿命比较,作如下的假设检验:

原假设:雄性寿命与雌性相同,

对立假设:雄性寿命较长.

检验的统计量为

$$Z = \frac{e_0(\text{雄}) - e_0(\text{雌})}{Se(\text{差})}$$

计算,得表 4.15.

表 4.15　成虫雄性果蝇和雌性果蝇寿命比较

	雄	雌	差
期望寿命 e_0(天)	43.2	37.5	5.7
样本方差 S^{2e0}	0.4890	0.4588	0.9478
标准误差 S^{e0}	0.6993	0.6773	0.9736

据该表计算,可得

$$Z = \frac{43.2 - 37.5}{0.9736} = 5.85$$

它超过了临界值 $Z_{0.99} = 2.33$,检验水平为 1% .于是,可认为雄性果蝇比雌性果蝇活得长些.

4.8　种群的分布格局实验

一、问题来源

植物种群的分布规律,一般而言,在很大程度上是由该种群的生物学与生态学特性决定的.由于不同的生境适合于具有不同适应特性和需求特性的树种的生存与生长,于是,在长期的自然选择和自然协同过程中,便形成了各种群所特有的空间分布格局.表 4.16 是一田间原始数据的调查表,表中各数字表示各样方的害虫种群数.

表 4.16　田间原始数据调查表

5	4	1	1	0	0	0	2	0	0	0	0	0	0	0	1	0	1
0	0	0	4	1	0	0	0	0	0	1	0	0	0	1	0	2	
0	1	0	0	0	0	1	0	1	0	0	0	0	2	0	0	0	0
0	1	0	0	0	0	0	1	0	0	2	0	0	0	0	0	0	
0	1	0	0	1	1	2	1	0	0	0	0	1	0	1	0	0	1
	0	2	0	0	0	0	0	0	0	0	1	0	0	0	0	2	1
0	0	0	0	1	1	0	0	0	2	0	0	0	0	0	2	2	0
	2	0	0	0	0	0	1	1	0	4	3	1	0	1	1	2	0
0	0	2	0	0	0	0	0	1	0	0	1	2	0	1	0	1	2
	1	0	0	0	0	0	0	1	3	3	2	0	0	0	0	0	0
1	1	1	2	0	4	0	0	0	0	1	1	0	0	0	0	0	0
	0	0	0	1	0	0	1	1	3	0	2	0	1	0	0	0	4
0	0	0	0	0	0	0	0	0	0	2	0	0	0	0	0	0	1
	0	0	0	0	0	0	0	0	0	0	0	0	0	0	0	0	0

二、频次表计算

即要求从表中计算出现 0,1,2,3,4,5 的频次和相应的频率为多少.使用 MATLAB 中的命令 find,计算可得:

样方数	频次	频率
0	172	0.70204
1	44	0.17959
2	19	0.077551
3	4	0.016327
4	5	0.020408
$\geqslant 5$	1	0.0040816

害虫种群的频次图与频率密度图见图 4.16.

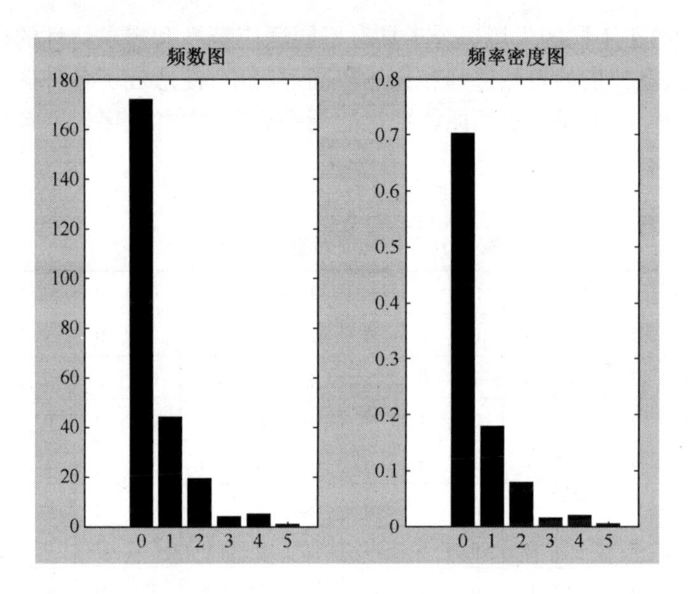

图 4.16　害虫种群的频次图与频率密度图

三、密度函数 $p(x)$的拟合

用多项式拟合：$p(x)=\sum_{i=0}^{n}a_ix^{n-i}$，通过 MATLAB 运行发现 5 次已达到误差要求，拟合函数如下：

$$p(x) = -0.0042857x^5 + 0.059694x^4 - 0.31429x^3 + 0.79949x^2 - 1.0631x + 0.70204$$

四、计算 $\int_0^{4.8}\mathrm{p(x)}\,d\mathrm{x}$.

计算结果为：0.57108.

计算机模拟实验程序

```
clear all,clc
a=[5 4 1 1 0 0 0 2 0 0 0 0 0 0 1 0 1 ...
   0 0 0 4 1 0 0 0 0 1 0 0 0 1 0 2 ...
   0 1 0 0 0 0 1 0 1 0 0 0 2 0 0 0 0 ...
   0 1  0 0  0 0  0 1  0 0  2 0  0 0  0 0  0 ...
   0 1  0 0  1 1  2 1  0 0  0 0  1 0  1 0  0 1 ...
   0 2  0 0  0 0  0 0  0 0  1 0  0 0  0 2  1 ...
   0 0  0 0  1 1  0 0  0 2  0 0  0 0  0 2  2 0 ...
```

```
    20 00 00 11 04 31 01 12 0...
    00 20 00 00 10 01 20 10 12...
    10 00 00 01 33 20 00 00 0...
    11 12 04 00 00 11 00 00 00...
    00 01 00 11 30 20 10 00 4...
    00 00 00 00 00 20 00 00 01...
    00 00 00 00 00 00 00 00 0];
n = size(a,2);
format short g
a0 = find(a == 0);n0 = size(a0,2);p0 = n0/n;
a1 = find(a == 1);n1 = size(a1,2);p1 = n1/n;
a2 = find(a == 2);n2 = size(a2,2);p2 = n2/n;
a3 = find(a == 3);n3 = size(a3,2);p3 = n3/n;
a4 = find(a == 4);n4 = size(a4,2);p4 = n4/n;
a5 = find(a> = 5);n5 = size(a5,2);p5 = n5/n;

p = [[0:5]' [n0 n1 n2 n3 n4 n5]' [p0 p1 p2 p3 p4 p5]']
x = [0:5];y1 = [n0 n1 n2 n3 n4 n5];y2 = [p0 p1 p2 p3 p4 p5];
disp('一、频数图')
subplot(1,2,1),bar(x,y1),title('频数图')

disp('二、频率密度图')
subplot(1,2,2),bar(x,y2),title('频率密度图')

[p,s] = polyfit(x,y2,5);p,s

disp('三、计算 0～4.8 间的积分')
syms x
xx = [x^5 x^4 x^3 x^2 x 1];
f = sum(p. * xx);
result = int(f,x,0,4.8);
result = double(result)
```

4.9 一组农业气象问题实验

问题 1 降雨量是指水平地面单位面积上所降雨水的深度. 现用上口直径为 32 厘米, 底面直径为 24 厘米, 深为 35 厘米的圆台形水桶来测量降雨量. 如果在一次降雨过程中, 此桶中的雨水深为桶深的四分之一, 则此次降雨量为多少毫米?

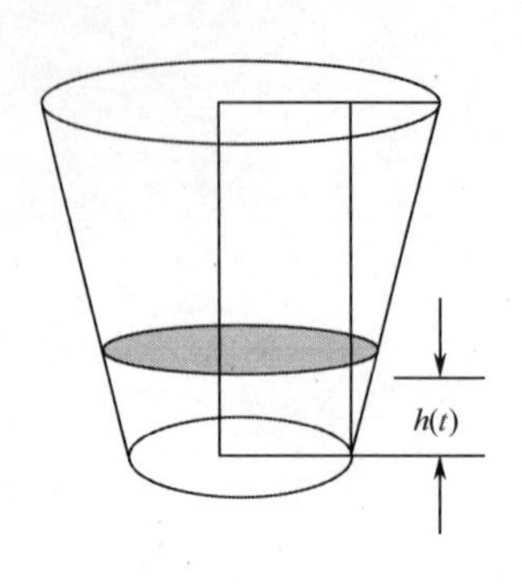

图 4.17

模型 某时刻 t 的降雨量用 $q(t)$ 表示，此时在水桶中的高度为 $h(t)$，相应水面面积为 $S(t)$，对应的半径为 $r(t)$. 另外，上底半径 $d_u=16$，下底半径 $d_l=12$.（见图 4.17）.

此时 $r(t)=d_l+\frac{d_l}{d_u}h(t)=12+0.75h(t)$

$$S(t)=\pi(r(t))^2=\pi(12+0.75h(t))^2$$

降雨量

$$q(t)=\frac{h(t)}{S(t)}=\frac{h(t)}{\pi(12+0.75h(t))^2}$$

本例中 $h(t)=35/4$；此时降水量为：0.008 083 2毫米

计算机模拟实验程序

```
clear all,clc
format short g
h=35/4;
q=h/(pi*(12+0.75*h)^2)
```

问题 2 据气象台预报，在 S 岛正东 300 千米的 A 处有一个台风中心形成，并以每小时 40 千米的速度向西北方向移动，在距台风中心 250 千米以内的地区将受其影响.问从现在起经过多长的时间台风将影响 S 岛？

模型 将 S 岛看成为一点，将其放在原点，建立坐标系如图 4.18 所示.

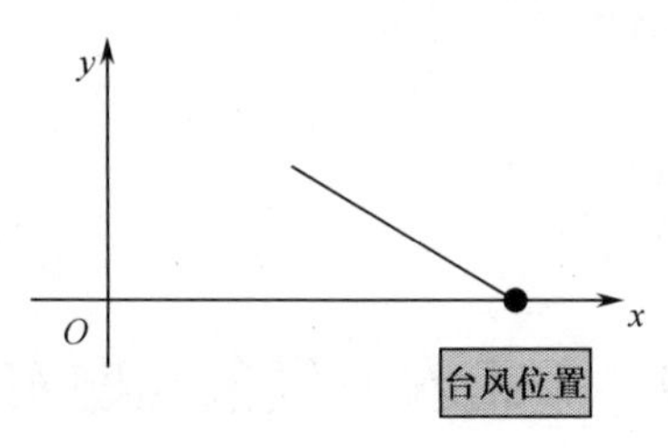

图 4.18

设 t 时刻后台风的位置为 (x,y)，则 $x=300-20\sqrt{2}t$，$y=20\sqrt{2}t$

当 $\sqrt{x^2+y^2}=\sqrt{(300-20\sqrt{2}t)^2+800t^2}\leqslant 250$ 时，台风将影响 S 岛.

运行 MATLAB 程序后,可知影响时刻:2 小时.

计算机模拟实验程序

```
clear all,clc
t = 0;d = 300;
while d>250
    t = t + 0.01;
    d = sqrt((300 - 20 * sqrt(2) * t)^2 + 800 * t^2);
end
t
```

问题 3 某地有一座水库,修建时水库的最大容水量设计为 128 000 米^3.在山洪暴发时,预测注入水库的水量 S_n(单位:米^3)与天数 $n(n\in\mathbf{N},n\leqslant 10)$的关系式是 $S_n=5000\ln(n^2+1)$.此水库原有水量为 80 000 米^3,泄水闸每天泄水量为 4000 米^3.若山洪暴发的第一天就打开泄水闸,问这 10 天中堤坝有没有危险?(水库水量超过最大量时堤坝就会发生危险)

模型 用 $V(t)$表示山洪暴发时第 t 天的水库容水量,山洪刚暴发时 $t=1$,则

$$V(t) = 80\,000 + 5\,000\ln(t^2+1) - 4\,000t$$

当 $V\geqslant 128000$ 时堤坝有危险.第 1 天到第 10 天的水库容水量见表 4.17.

表 4.17 第 1 天到第 10 天的水库容水量

天数	1	2	3	4	5	6	7	8	9	10
容量	79 466	80 047	79 513	78 166	76 290	74 055	71 560	68 872	66 034	63 076

可见 10 天内没有危险.

计算机模拟实验程序

```
clear all,clc
format short g
t = 1:10;
h = 80000 + 5000 * log(t.^2 + 1) - 4000 * t;
result = [t;h]
```

4.10 人口预报实验

人口预报是关乎国计民生的一个大问题.人口预报的模型是英国经济学家马尔萨斯(Malthus)在1798年匿名发表的《人口原理》中首次提出的,他提出人口的增长率与总人口数成正比,此人口增长呈所谓的指数增长.因而比利时数学家Verhulst在1840年修正了马尔萨斯的人口模型,他认为人口增长不能超过由其环境所确定的最大容纳量,这便是Logistic模型.目前常用的人口预报模型有以下两个:

模型 1 $\frac{\mathrm{d}N}{\mathrm{d}t}=rN(1-\frac{N}{K})$

模型 2 $\frac{\mathrm{d}N}{\mathrm{d}t}=-aN\ln\frac{N}{K}$

我们可能会更关心对这两个模型,哪个模型具有更好的预测能力?表4.18是一组人口数据的实际值.

表 4.18 某人口数据的实际值

年	实际
1790	3 929 000
1800	5 308 000
1810	7 240 000
1820	9 638 000
1830	12 866 000
1840	17 069 000
1850	23 192 000
1860	31 443 000
1870	38 558 000
1880	50 156 000
1890	62 948 000
1900	75 995 000
1910	91 972 000
1920	105 711 000
1930	122 775 000
1940	131 669 000
1950	150 697 000
1960	173 300 000
1970	204 000 000

通过 MATLAB 编程,对上述两个模型的参数进行确定,得到的结果见表 4.19.

表 4.19

模型	$\frac{dN}{dt}=rN\left(1-\frac{N}{K}\right)$	$\frac{dN}{dt}=-aN\ln\frac{N}{K}$
方程表达式	$N(t)=\frac{K}{1+e^{a-rt}}$	$\ln(N)=K+ce^{-at}$
参数确定	$K=184.76, r=0.3271, a=3.8782$	$C=106.6, k=-105.02, a=-0.0022327$
误差比较/%	0.260 43	2.077 3
预测值误差比较/%	0.368 23	2.172 3

我们用后面三个数值作为预报值,经过计算后,得到如表 4.20 所示的一组数据.

表 4.20

年	实际	预报	误差	百分比
1790	3 929 000	3 929 000	0	0.0
1800	5 308 000	5 336 000	28 000	0.5
1810	7 240 000	7 228 000	−1 200	−0.2
1820	9 638 000	9 757 000	119 000	1.2
1830	12 866 000	13 109 000	243 000	1.9
1840	17 069 000	17 506 000	437 000	2.6
1850	23 192 000	23 192 000	0	0.0
1860	31 443 000	30 412 000	−1 031 000	−3.3
1870	38 558 000	39 372 000	814 000	2.1
1880	50 156 000	50 177 000	21 000	0.0
1890	62 948 000	62 759 000	−179 000	−0.3
1900	75 995 000	76 870 000	875 000	1.2
1910	91 972 000	91 972 000	0	0.0
1920	105 711 000	107 559 000	1 848 000	1.7
1930	122 775 000	123 124 000	349 000	0.3
1940	131 669 000	136 653 000	4 984 000	3.8
1950	150 697 000	149 053 000	−1 644 000	−1.1
1960	173 300 000	158 800 000	−1 450 000	−0.9
1970	204 000 000	168 600 000	−35 400 000	−17.4

可见在该问题中,第 1 个模型优于第 2 个模型.

```
clear all,clc
t=[0:15];
y=[3.929 5.308 7.24 9.638 12.866 17.069 23.192 31.443 38.558 50.156 62.948 75.995 ...
    91.972 105.711 122.775 131.669];

format short g
b10=[2,210,10]; % beta0(1)表示内禀增长率;beta0(2)表示最大容纳量;beta0(3)为积分常数项
b1=nlinfit(t,y,'example4f',b10)

b20=[2,50,-0.3];
y1=log(y);
b2=nlinfit(t,y1,'example5gf',b20)

disp('一、误差分析:')
disp('model 1'),w1=sum(abs((example4f(b1,t)-y)./y))
disp('model 2'),w2=sum(abs((exp(example5gf(b2,t))-y)./y))

disp('二、预测误差分析:')
t1=[16:18];y1=[150.697 173.3 204];
disp('model 1'),yw1=sum(abs((example4f(b1,t1)-y1)./y1))
disp('model 2'),yw2=sum(abs((exp(example5gf(b2,t1))-y1)./y1))
```

程序中所定义的函数 example4f 与 example5gf 程序分别如下:

```
[example4f.m]
function y=example4f(beta0,x)
r=beta0(1);k=beta0(2);c=beta0(3);
y=k./(1+exp(c-r*x));

[example5gf.m]
function y=example5gf(beta0,x)
c=beta0(1);k=beta0(2);a=beta0(3);
y=k+c*exp(-a*x);
```

4.11　作物高产数学模型实验

用数学模型方法研究农作物种植业生产系数,可以对农作物产量与其影响因素之间的相互关系进行定量分析,从而可以高经济效益地使用栽培技术措施和合理地配制生产要素,寻找某种作物在某个地方的高产途径.下面介绍玉米高产数学模型的建立及在MATLAB中的运算.

一、试验设计—— 二次回归旋转组合设计的试验方案

二次回归旋转组合设计是在正交设计的基础上,与回归分析法有机地结合起来,建立回归试验法,正交设计使得该试验方案思路清晰、简单易行,通过选取有代表性地点而明显地减少处理数,回归设计使该试验方案能在因子空间中选取合适的试验点,使得每个试点所提供的数据含最多的信息量,同时以最少的试验次数和最快的速度建立一个有效的回归方程.

二次回归旋转组合设计又属于旋转设计和组合设计．组合设计对每一个参试因素要求选取5个数量水平，即在因子空间中选择2个水平析因点，2个星点和一个或若干个中心点，但在二次回归设计中，预测值的方差依赖于试点在因子空间中的位置，并且由于试验误差的干扰，不容易由预测值直接寻找最优区域，而旋转设计把组合设计中的试点安排在3个不等半径的球面上，使该试验设计具有旋转性，从而消除了上述缺点，并解决了同一球面上各试验点预测值的方差相等的问题.

1.编码代换

按照组合设计方法,把每一参试因子取五个水平即上水平、下水平、γ水平、$-\gamma$水平和零水平,转换为无量纲的$\gamma,1,0,-1,-\gamma$编码值.由试验在$\frac{1}{n}$实施时:

$$\gamma = 2^{\frac{p-n+1}{4}}$$

本试验筛选对玉米产量和生产成本影响较大而尚待研究的可控因子作为决策变量,采用五因子五水平二次正交旋转回归组合设计,试验为$\frac{1}{2}$实施,因此$\gamma = 2^{\frac{5-2+1}{4}} = 2$因子、水平及编码见表4.21.

表 4.21　因子、水平和编码

因　　子	上星号臂 $\gamma=2$	上水平 +1	零水平 0	下水平 −1	下星号臂 $-\gamma=-2$	变化区间
x_1 底肥/(斤/亩)①	40	30	20	10	0	10
x_2 苗肥/(斤/亩)	24	18	12	6	0	6
x_3 粒肥/(斤/亩)	20	15	10	5	0	5
x_4 穗肥/(斤/亩)	50	37.5	25	12.5	0	12. 5
x_5 密度/(株/亩)	7200	6600	6000	5400	4800	600

2.试验点数及试验方案

全部试验点数 N 由三部分组成,即析因点数 M_c、"星点"数 M_γ 及中心点数 M_0:

$$N = M_c + M_\gamma + M_0$$

其中,在因子数为 p,试验为$\frac{1}{n}$实施时,$M_c=2^{p-n+1}$,$M_\gamma=2p$,适当地选取 M_0 保持正交性.因此本实验中

$$M_c = 2^{5-2+1} = 16, M_\gamma = 2p = 10$$

选取 10 个中心点,即 $M_0=10$,总试点数为

$$N = M_c + M_\gamma + M_0 = 16 + 10 + 10 = 36$$

试验方案及结果见表 4.22,其中编号 1～16 为水平析因点,17～26 为"星点",27～36 为中心点,Y 为实验结果.

表 4.22

编号	x_1	x_2	x_3	x_4	x_5	Y/(斤/亩)	编号	x_1	x_2	x_3	x_4	x_5	Y/(斤/亩)
1	−1	−1	−1	−1	1	776.2	9	1	−1	−1	−1	−1	867.5
2	−1	−1	−1	1	−1	860.7	10	1	−1	−1	1	1	829.5
3	−1	−1	1	−1	−1	749.3	11	1	−1	1	−1	1	1016.9
4	−1	−1	1	1	1	923.9	12	1	−1	1	1	−1	780.5
5	−1	1	−1	−1	−1	868.2	13	1	1	−1	−1	1	959.5
6	−1	1	−1	1	1	964.2	14	1	1	−1	1	−1	874.1
7	−1	1	1	−1	1	813.0	15	1	1	1	−1	−1	842.0
8	−1	1	1	1	−1	875.8	16	1	1	1	1	1	981.3

① 1斤=0.5千克.
1亩=666.6平方米.

续表

编号	x_1	x_2	x_3	x_4	x_5	Y/(斤/亩)	编号	x_1	x_2	x_3	x_4	x_5	Y/(斤/亩)
17	−2	0	0	0	0	878.2	27	0	0	0	0	0	912.4
18	2	0	0	0	0	926.8	28	0	0	0	0	0	862.3
19	0	−2	0	0	0	836.9	29	0	0	0	0	0	864.9
20	0	2	0	0	0	902.3	30	0	0	0	0	0	900.4
21	0	0	−2	0	0	885.9	31	0	0	0	0	0	883.3
22	0	0	2	0	0	843.9	32	0	0	0	0	0	902.4
23	0	0	0	−2	0	807.7	33	0	0	0	0	0	904.7
24	0	0	0	2	0	856.3	34	0	0	0	0	0	902.8
25	0	0	0	0	−2	843.2	35	0	0	0	0	0	913.0
26	0	0	0	0	2	1001.1	36	0	0	0	0	0	902.1

二、作物高产数学模型

作物高产的数学模型使用二次回归方程，其模型为

$$Y = b_0 + \sum_{i=1}^{p} b_i x_i + \sum_{i=1(i<j)}^{p} b_{ij} x_i x_j + \sum_{i=1}^{p} b_{ii} x_i^2 + \zeta$$

Y 为作物产量，x_i 为参试因素的编码值，$b_i x_i$，$b_{ii} x_i^2$ 表示参试因素对作物产量的作用，b_i，b_{ii}为其作用系数，$b_{ij} x_i x_j$为参试因素 x_i 与 x_j对作物产量的交互作用，b_{ij}为其交互作用系数，ζ 为随机误差.

三、该模型的 MATLAB 求解——多维响应面拟和

MATLAB 中的函数 rstool 是用来进行响应面拟合的交互界面，调用格式为

rstool(X, Y, model, alpha)

X 为试验设计矩阵，Y 为试验结果，model 可由以下几个字符值定义：

Linear ——只有线性部分

interaction ——包括常数、线性和交叉乘积部分

quadratic ——包括常数、线性、交叉乘积和平方项部分

purequadratic ——只包括平方项及常数部分

默认为 linear，alpha 为置信区间的置信水平，默认为 0.05. 求解本实验模型在 MATLAB 输入命令 rstool(A, Y, 'q', 0.05)后，出现如图 4.19 所示的界面.

上述界面中，显示了预测值 95% 的置信区间，在选项 export 中可以输出参数(Parameters)、剩余均方(RSME)、残差(Residuals)到工作区间，以后可以直接调用它们.

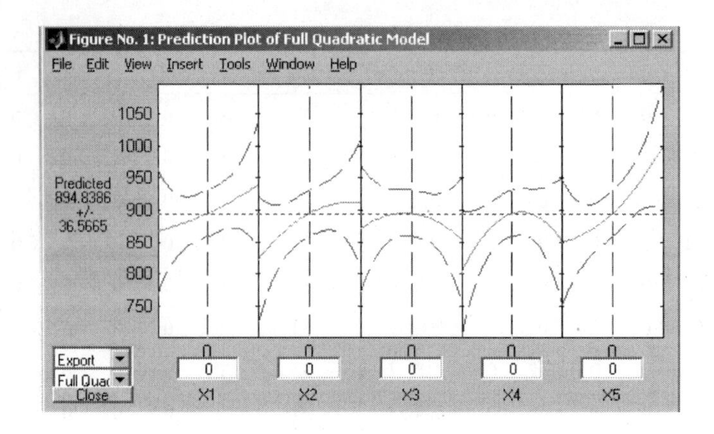

图 4.19 rstool 函数的交互界面

```
运行结果为
beta′
ans =
    Columns 1 through 9
    894.8386   17.3776   21.0220   -4.2070   12.2660   35.9200   -3.0447
    12.3417   -39.8941
    Columns 10 through 18
    18.7295  -18.1544   14.2476   -1.9159    5.2227   26.7888    4.3245
    1.8967   -6.3322
    Columns 19 through 21
    -7.5125   -15.7372   6.8051
```

确定系数后便可得到玉米高产数学模型:

$$\hat{Y} = 894.8386 + 17.3776x_1 + 21.0220x_2 - 4.2070x_3 + 12.2660x_4 + 35.9200x_5 - 3.0447x_1x_2 + 12.3417x_1x_3 - 39.8941x_1x_4 + 18.7295x_1x_5 - 18.1544x_2x_3 + 14.2476x_2x_4 - 1.9159x_2x_5 - 5.2227x_3x_4 + 26.7888x_3x_5 + 4.3245x_4x_5 + 1.8967x_1^2 - 6.3322x_2^2 - 7.5125x_3^2 - 15.7372x_4^2 + 6.8051x_5^2$$

计算机模拟实验程序——显著性检验

```
ss = sum((y - mean(y)).^2);
>> se = sum(residuals.^2);
>> sr = ss - se;
>> F = (ss/20)/(se/15)
```

```
F =

    21.9582
>> R_square = sr/ss
R_square =

    0.9658
```

从 F 值可以看出该整个模型能通过检验,决定系数为 0.9658.

4.12 最优捕鱼策略问题实验

为了保护人类赖以生存的自然环境,可再生资源(如渔业,林业资源)的开发必须适度.一种合理简化的策略是,在实现可持续收获的前提下,追求最大产量或最佳效益.

考虑对某种鱼的最优捕捞策略:假设这种鱼分 4 个年龄组,称 1 龄鱼,……,4 龄鱼.各年龄组每条鱼的平均重量分别为 5.07,11.55,17.86,22.99(克),各年龄组鱼的自然死亡率为 0.8(1/年),这种鱼为季节性集中产卵繁殖,平均每条 4 龄鱼的产卵量为 1.109×10^{11}(个),3 龄鱼的产卵量为这个数的一半,2 龄鱼和 1 龄鱼不产卵,产卵和孵化期为每年的最后 4 个月,卵孵化成活为 1 龄鱼,成活率(1 龄鱼条数与产卵量 n 之比)为

$$1.22\times10^{11}/(1.22\times10^{11}+n).$$

渔业管理部门规定,每年只允许在产卵孵化期前的 8 个月内进行捕捞作业.如果每年投入的捕捞能力(如渔船数,下网次数等)固定不变,这时单位时间捕捞量将与各年龄组鱼群条数成正比,比例系数不妨称捕捞强度系数.通常使用 13mm 网眼的拉网,这种网只能捕捞 3 龄鱼和 4 龄鱼,其两个捕捞强度系数之比为 0.42:1.渔业上称这种方式为固定量捕捞.

1.建立数学模型分析如何实现可持续捕捞(即每年开始捕捞时渔场中各年龄组鱼群条数不变),并且在此前提下得到最高的年收获量(捕捞总重量).

2.某渔业公司承包这种鱼的捕捞业务 5 年,合同要求 5 年后鱼群的生产能力不能受到太大破坏.已知承包时各年龄组鱼群的数量分别为:122,29.7,10.1,3.29($\times10^9$ 条),如果仍用固定量的捕捞方式,该公司应采取怎样的策略才能使总收获量最高.

一、问题的分析与模型的建立

1.问题假设

(1)鱼群总量的增加虽然是离散的,但对于大规模的鱼群而言,可设鱼群总量的变化随时间是连续的.

(2)据题目给出的条件,可设鱼群每年在 8 月底瞬间产卵完毕,卵在 12 月底全

部孵化完毕.

(3) i 龄鱼到第二年分别长一岁成为 $i+1$ 龄鱼，$i=1,2,3$

(4)4 龄鱼在年末留存的数量占全部数量的比例很小，可假设全部死亡.

(5)持续捕获使各年龄组的鱼群数量呈周期变化，周期为 1 年，可以只考虑鱼群数量在 1 年内的变化情况.

2. 问题分析

(1)符号说明

$X_i(t)$ —— 在 t 时刻 i 龄鱼条数，$i=1,2,3,4$；

k —— 4 龄鱼捕捞强度系数

n —— 每年产卵量

a_i —— 每年初 i 龄鱼的数量，$i=1,2,3,4$

(2)对死亡率的理解

题中给出鱼的自然死亡率为 0.8(1/年)，我们理解为平均死亡率，是单位时间鱼群死亡数量与现有鱼群数量的比例系数，由假设可知，它是一个与环境等其他因素无关的常数. 鱼群的数量是连续变化的，且 1 龄鱼、2 龄鱼在全年及 3 龄鱼、4 龄鱼在后 4 个月的数量只与死亡率有关. 各龄鱼的数量满足

$$\frac{\mathrm{d}x_i(t)}{\mathrm{d}t}=-0.8x_i(t) \qquad (i=1,2,3,4)$$

(3)捕捞强度系数的理解

单位时间 4 龄鱼捕捞量与 4 龄鱼群总数成正比，比例系数即为捕捞强度 k，它是一定的，且只在捕捞期内(即每年的前 8 个月)捕捞 3 龄鱼，4 龄鱼. 所以，一方面捕捞强度系数 k 决定了 3 龄鱼、4 龄鱼在捕捞期内的数量，其变化规律为

$$\frac{\mathrm{d}x_3(t)}{\mathrm{d}t}=-(0.8+0.42k)x_3(t), \qquad \frac{\mathrm{d}x_4(t)}{\mathrm{d}t}=-(0.8+k)x_4(t)$$

另一方面也决定了 t 时刻捕捞 3 龄鱼、4 龄鱼，其数量分别为 $0.42kx_3(t)$ 和 $kx_4(t)$.

(4)成活率的理解

由于只有 3 龄鱼、4 龄鱼在每年的 8 月底一次产卵，因此可将每年的产卵量 n 表示为

$$n=1.109\times10^5\times\left[0.5x_3\left(\frac{2}{3}\right)+x_4\left(\frac{2}{3}\right)\right]$$

题目中已经说明成活率为 $\dfrac{1.22\times10^{11}}{1.22\times10^{11}+n}$，所以每年初的 1 龄鱼的数量为

$$x_1(0)=n\times\frac{1.22\times10^{11}}{1.22\times10^{11}+n}$$

二、MATLAB 模拟程序与结果

1.第一问模型的建立与计算机模拟求解

模型如下：

$$
\begin{cases}
\max(\text{total}(k)) = 17.86\int_0^{\frac{2}{3}}0.42kx_3(t)\mathrm{d}t + 22.99\int_0^{\frac{2}{3}}kx_4(t)\mathrm{d}t \\
\text{s.t.}\begin{cases}
\dfrac{\mathrm{d}x_1(t)}{\mathrm{d}t} = -0.8x_1(t), t \in [0.1] \\
\dfrac{\mathrm{d}x_2(t)}{\mathrm{d}t} = -0.8x_2(t), t \in [0.1] \\
\dfrac{\mathrm{d}x_3(t)}{\mathrm{d}t} = -(0.8+0.42k)x_3(t), t \in \left[0, \dfrac{2}{3}\right] \\
\dfrac{\mathrm{d}x_3(t)}{\mathrm{d}t} = -0.8x_3(t), t \in \left[\dfrac{2}{3}, 1\right] \\
\dfrac{\mathrm{d}x_4(t)}{\mathrm{d}t} = -(0.8+k)x_4(t), t \in \left[0, \dfrac{2}{3}\right] \\
\dfrac{\mathrm{d}x_4(t)}{\mathrm{d}t} = -0.8x_4(t), t \in \left[\dfrac{2}{3}, 1\right]
\end{cases}
\end{cases}
$$

计算机模拟实验程序

[**buyu.m**]

```
function y = buyu(x);
global a10 a20 a30 a40 total k;
syms k  a10 ;
x1 = dsolve('Dx1 = - 0.8 * x1','x1(0) = a10');
t = 1;a20 = subs(x1);
x2 = dsolve('Dx2 = - 0.8 * x2','x2(0) = a20');
t = 1;a30 = subs(x2);
x31 = dsolve('Dx31 = - (0.8 + 0.42 * k) * x31','x31(0) = a30');
t = 2/3;a31 = subs(x31);
x32 = dsolve('Dx32 = - 0.8 * x32','x32(2/3) = a31');
t = 1;a40 = subs(x32);
x41 = dsolve('Dx41 = - (0.8 + k) * x41','x41(0) = a40');
t = 2/3;a41 = subs(x41);
x42 = dsolve('Dx42 = - 0.8 * x42','x42(2/3) = a41');
```

```
nn=1.109*10^5*(0.5*a31+a41);
eq1=a10-nn*1.22*10^11/(1.22*10^11+nn);
S=solve(eq1,a10);a10=S(2);
syms t;
t3=subs(subs(int(0.42*k*x31,t,0,2/3)));
t4=subs(subs(int(k*x41,t,0,2/3)));
total=17.86*t3+22.99*t4;
k=x;
y=subs(-total);
```

【**buyu1.m**】

```
global a10 a20 a30 a40 total ;
[k,mtotal]=fminbnd('buyu',16,18);
ezplot(total,0,25)
xlabel('捕捞强度系数k')
ylabel('总收获量(克)')
title('捕捞强度-----总收获量曲线图')
format long;
k
total=-mtotal
a10=eval(a10)
a20=eval(a20)
a30=eval(a30)
a40=eval(a40)
format short
clear
```

运行结果为

```
k =
    17.36293262688062
total =
    3.887075517793262e+011
a10 =
    1.195993727014839e+011
a20 =
    5.373946224502725e+010
a30 =
    2.414669690277464e+010
a40 =
    8.395506707805994e+007
```

从图 4.20 可以看到捕捞强度对收获量的影响.

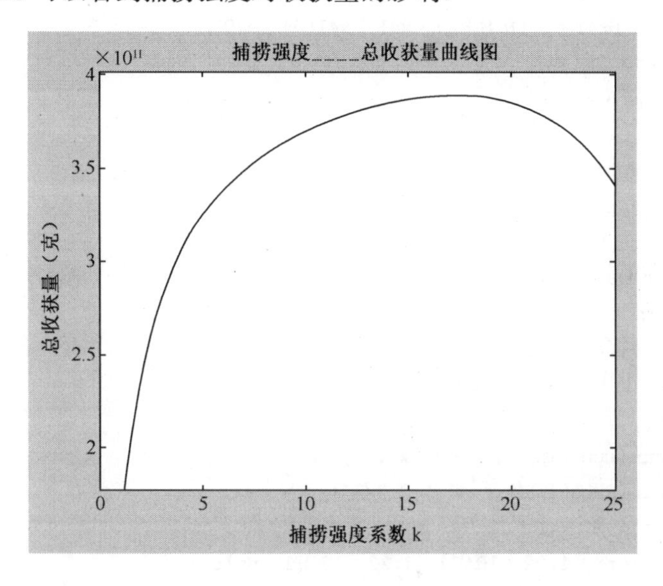

图 4.20 捕捞强度对收获量的影响

当 k=17.36293262688062 时,最高年收获量为 total=3.887075517793262e+011(克),此时每年年初四种龄鱼的数量分别为

1.195993727014839e+011　　5.373946224502725e+010

2.414669690277464e+010　　8.395506707805994e+007

2.第二个问题的分析与计算机求解

由于某渔业公司承包期为 5 年,并且已知初始时各年龄组的鱼群的数量,在一定的捕捞强度系数 k 下,五年的总收获量就是 k 的一元函数 total(k),但在 5 年中,每年初各年龄组的鱼群数量是不一样的.

计算机模拟实验程序

[**yu.m**]

```
function y = yu(x);
global total k temp;
syms k a10 a20 a30 a40 qp pq temp;
x1 = dsolve('Dx1 = - 0.8 * x1','x1(0) = a10');
x2 = dsolve('Dx2 = - 0.8 * x2','x2(0) = a20');
x31 = dsolve('Dx31 = - (0.8 + 0.42 * k) * x31','x31(0) = a30');
t = 2/3;a31 = subs(x31);
```

```
x32 = dsolve('Dx32 = - 0.8 * x32','x32(2/3) = a31');
x41 = dsolve('Dx41 = - (0.8 + k) * x41','x41(0) = a40');
t = 2/3;a41 = subs(x41);
s = pq * zeros(6,4);
s(1,:) = [122.0 29.7 10.1 3.29] * 10^9;
temp = [ pq pq pq pq ];
qp = [pq pq pq pq pq ];
for i = 1:5
    a10 = s(i,1);a20 = s(i,2);a30 = s(i,3);a40 = s(i,4);
    t = 2/3;
    a31 = subs(a31);a41 = subs(a41);
    nn = 1.109 * 10^5 * (0.5 * a31 + a41);
    syms t;
    t3 = subs(subs(int(0.42 * k * x31,t,0,2/3)));
    t4 = subs(subs(int(k * x41,t,0,2/3)));
    qp(i) = 17.86 * t3 + 22.99 * t4;
    temp(1) = nn * 1.22 * 10^11/(1.22 * 10^11 + nn);
    t = 1;
    temp(2) = subs(x1);
    temp(3) = subs(x2);
    temp(4) = subs(x32);
    s(i + 1,:) = temp;
end;
total = sum(qp);
k = x;
y = - subs(total);
```

[**yu2.m**]

```
format long;
global total k temp;
[fk,ftotal] = fminbnd('yu',17,18,optimset('tolx',1e - 16));
fk
ftotal = - ftotal
ezplot(total,0,25)
xlabel('捕捞强度系数 k')
ylabel('总收获量(克)')
title('捕捞强度----总收获量曲线图(2)')
```

```
运行结果:
fk = 17.43804874105403
ftotal = 1.598793940035355e + 012
```

从图 4.21 可以看到捕捞强度对总收获量的影响.

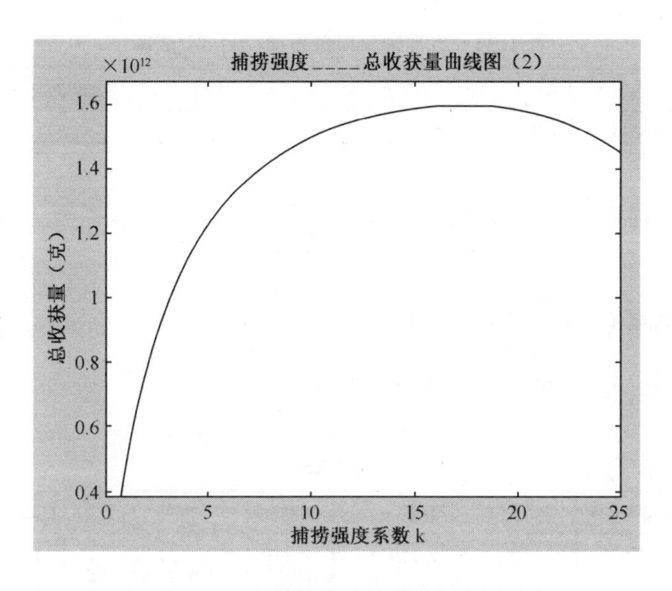

图 4.21　捕捞强度对总收获量的影响

当 $k=17.43804874105403$ 时，五年的最高收获量为：total = 1.598793940035355e+012(克).

习　题　四

1. 动物饲养中的食谱问题

动物在生长过程中对饲料中的三种营养成分包括蛋白质、矿物质、维生素特别敏感，每个动物每天至少需要蛋白质 70 克，矿物质 3 克，维生素 10 毫克. 该公司能买到 5 种不同的饲料，每种饲料 1 千克所含营养成分如表 4.23 所示.

表 4.23　五种饲料单位重量(1 千克)所含营养成分

饲料	蛋白质(克)	矿物质(克)	维生素(毫克)
A1	0.30	0.10	0.05
A2	2.00	0.05	0.10
A3	1.00	0.02	0.02
A4	0.60	0.20	0.20
A5	1.80	0.05	0.08

每种饲料 1 千克的成本如表 4.24 所示.

表 4.24　五种饲料单位重量(1千克)成本

饲料	A1	A2	A3	A4	A5
成本/元	0.2	0.7	0.4	0.3	0.5

请考虑如何根据需要进行饲料配方,既能满足动物生长需要,又使总成本最低.

2. 逻辑斯蒂(logistic)的分布规律

表4.25是一组酵母实验种群的观测数据.

表 4.25

时间 t	数量 $n(t)$	时间 t	数量 $n(t)$	时间 t	数量 $n(t)$	时间 t	数量 $n(t)$
0	9.6	5	119.1	10	513.3	15	651.1
1	18.3	6	174.6	11	559.7	16	655.9
2	29	7	257.3	12	594.8	17	659.6
3	47.2	8	350.7	13	629.4	18	661.8
4	71.1	9	441	14	640.8		

请用逻辑斯蒂方程进行拟合.

第五章　数学建模范例

5.1　倒煤台的优化设计问题案例

Aspen-Boulder 煤炭公司有一个大型的煤炭装卸场，每列运煤的火车将装卸场上的煤运往外地．铁路调度部门每天发三列标准煤车到装卸场．煤车到达装卸场的时间是在早 5:00 到晚 8:00 之间的任意时刻．每列标准煤车由三节车厢组成，装满一列车煤需用 3 小时．装卸场的容量相当于 1.5 列标准煤载量．当煤车到达装卸场时，若不能立即装煤，那么煤炭公司需向铁路部门交纳停滞费，每节车厢 5 000 美元/小时．此外，铁路调度部门每周四发一列大载量煤车，它有五节车厢，它的载量是标准煤车的 2 倍，其到达时间是在上午 11:00 到下午 1:00 之间．从矿井采出来的煤被运到装卸场，若场地是完全空的，那么一个工作班用 6 小时可以卸满场地．使用一个工作班及相应的设备付 9 000 美元/小时．如果要提高向煤场卸煤的速度，可以调用第二个工作班帮助卸煤，其费用为 12 000 美元/小时．为了安全起见，当煤炭从矿井运到场地上时，要停止向煤车装煤；而延误装车时间，煤炭公司要向铁路管理部门付停滞费．现在，煤炭公司的管理部门需要确定煤场的装卸操作的年预算，在这个预算内应包含下列几个主要因素：

(1)应调用几次第二个工作班？

(2)预期的月停滞费是多少？

(3)煤炭装卸场每天能否允许第四列标准煤车运煤？

一、问题分析与模型建立

1．问题假设

(1) 工作班在一天 24 小时内，随时可到场地工作，煤炭公司的管理部门在煤车将驶入装卸场之前，可以通知工作班到岗工作．

(2) 每个工作班的工作效率相同．

(3) 为提高向煤场卸煤的速度，需要调用第二个工作班时，煤炭公司的管理部门可以立即调用．

(4) 向煤车装煤不需要工作班工作，不收费．

(5) 问题给出的是在早 5:00 到晚 8:00 之间的任意时刻，每列标准煤车在这个时间段内到达的时刻服从随机均匀分布．大载量煤车在上午 11:00 到下午 1:00 之间到达的时刻也服从随机均匀分布．

(6) 各列煤车到达的时刻是独立的.即煤车A的到达与煤车B、C到达无关.

(7) 大载量煤车的装车时间是标准煤车的两倍,即需要6小时才能装满车.

(8) 装卸场地的服务原则是先进先出,即先到的煤车装满煤开出装卸场后,下一列煤车才能开进装卸场装煤.

(9) 被调来的工作班,至少要工作半小时,而后,根据需要可随时停止工作.

2.问题分析

我们的目标是要计算最小年操作经费和每月的停滞费.平均每年有52.18个星期,平均每月有4.35个星期.若求出每星期的最小费用,那么可以得出每月及每年的最小预算.

如果有煤车停滞,则要付停滞费,标准煤车为5 000×3=15 000美元/小时,大载量煤车为5 000×5=25 000美元/小时,而调用第二个工作班需要支付的费用为12 000美元/小时,所以应调用第二个工作班,以尽量避免煤车的停滞.

3.工作班调用方案的建立

由上面的分析,我们希望求出每星期的最小费用.煤车的到达是随机的,所以我们可以用计算机模拟求每星期费用的平均值.而此值是否为最小值,则受工作班调用方案策略的影响.工作班调用的方案应包括任意时刻调用的第二个工作班,何时向煤场卸煤,何时向煤车装煤.我们研究了下面五种方案:

(1) 无论任何情况,只使用一个工作班,而且在装煤车前,场地必须卸满煤.

(2) 无论任何情况,都使用第二个工作班,而且在装煤车前,场地必须卸满煤.

(3) 只使用一个工作班,在装煤车前,场地应有足够的煤装满一标准煤车,如果没有煤车等待装煤,场地应继续补充煤,直到场地完全装满或是下一列煤车到达.

(4) 若是使用第二个工作班,在装煤车前,场地应有足够的煤装满一标准列车,如果没有煤车等待装煤,场地应继续补充煤,直到场地完全装满或是下一列煤车到达.

(5) 如果场地的煤不足一标准列车的载量,则调用两个工作班,否则只调用一个工作班.在装煤前,场地应有足够的煤装满一标准列车,如果没有煤车等待装煤,场地应继续补充煤,直到场地完全装满或是下一列煤车到达.

我们期待每一方案应优于它前面的方案,结果如何,下面用计算机进行模拟.

二、MATLAB模拟程序与结果

1.以方案5为例进行计算机模拟

计算机模拟算法

为了方便,定义一天工作时间早晨5:00为0:00,晚上8:00为15:00,上午

11:00为6:00,下午1:00为8:00.我们定义以下变量:

tt[1..4]——在一天里的煤车到达时刻的数组
sfee ——总费用
feen ——第j辆煤车开始装煤时,上一辆煤车走后工作班的费用
sfeede ——总的停滞费
feede ——第j辆煤车的停滞费
de ——第j辆煤车走后,工作班将煤场装满一车煤的时刻
tte ——第j辆煤车走后,工作班将煤场完全装满的时刻
tts ——第j辆煤车开始装煤的时刻
qus ——第j辆煤车开始装煤时,煤场中的煤量

该方案流程图如下:

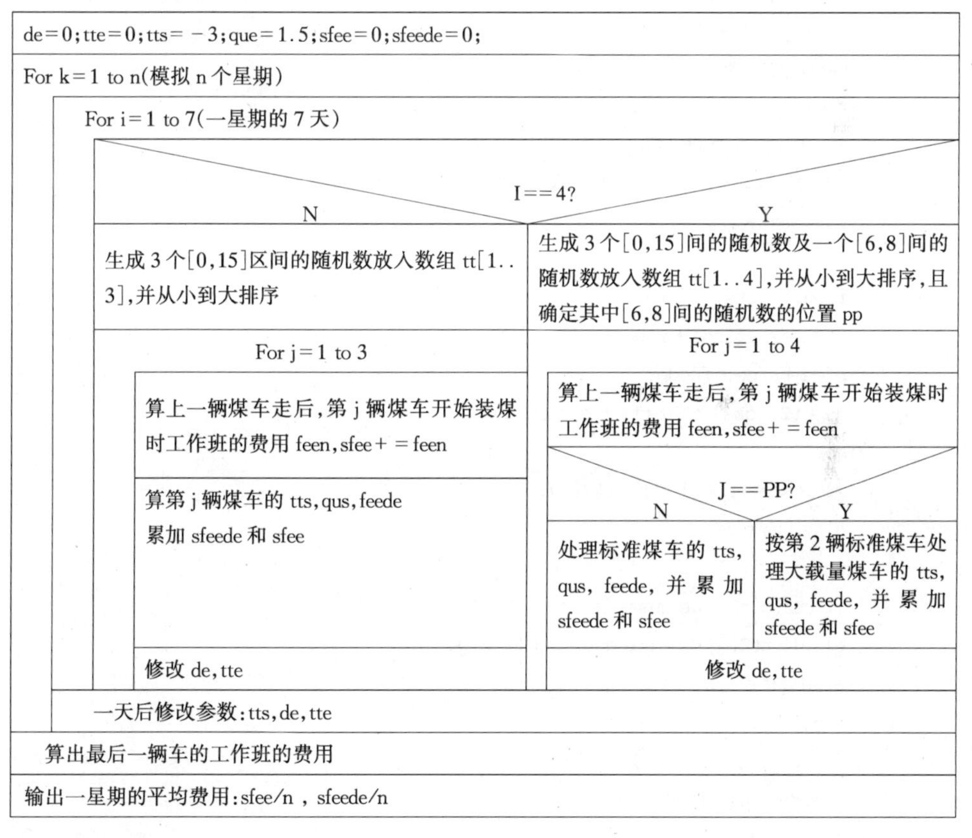

计算机模拟实验程序

```
clear all,clc
```

```
de = 0;tts = -3;tte = 0;sfee = 0;feen = 0;sfeede = 0;feede = 0;
for k = 1:1000
  for i = 1:7 tt = rand(1,3) * 15;tt = sort(tt);
    if i == 4 tt1 = 6 + rand(1) * 2;tt2 = [tt,tt1];tt2 = sort(tt2);
      for m = 1:4 if tt2(m) == tt1(1) pp = m;end ;end;
      for j = 1:4
        if tt2(j)< = de feen = (de - tts - 3) * 21;
    elseif tt2(j)<tte feen = (de - tts - 3) * 21 + (tt2(j) - de) * 9;
    else feen = (de - tts - 3) * 21 + (tte - de) * 9;
    end;
    sfee = sfee + feen;
    if j~ = pp
      if de< = tt2(j) tts = tt2(j);
      else tts = de;
      end;
      if tt2(j)< = de qus = 1;
      elseif tt2(j)< = tte qus = 1 + (tt2(j) - de) * 0.5;
      else qus = 1.5;
      end;
      feede = (tts - tt2(j)) * 15;
      sfeede = sfeede + feede;
      sfee = sfee + feede;
      de = (2 - qus) * 2 + tts + 3;tte = de + 2;
    else
      if de< = tt2(j) tts = tt2(j);
      else tts = de;
      end;
      if tt2(j)< = de qus = 1;
      elseif tt2(j)< = tte qus = 1 + (tt2(j) - de) * 0.5;
      else qus = 1.5;
      end;
      feede = (tts - tt2(j)) * 25;
      sfeede = sfeede + feede;
      sfee = sfee + feede;
      de = (2 - qus) * 2 + tts + 3;tte = de + 2;
      if tt2(j)< = de feen = (de - tts - 3) * 21;
      elseif tt2(j)<tte feen = (de - tts - 3) * 21 + (tt2(j) - de) * 9;
      else feen = (de - tts - 3) * 21 + (tte - de) * 9;
      end;
```

```
        sfee = sfee + feen;
        tt2(j) = tts + 3;tts = de;qus =  1;
        feede = (tts - tt2(j)) * 25;
        sfeede = sfeede + feede;
        sfee = sfee + feede;
        de = (2 - qus) * 2 + tts + 3;tte = de + 2;
        end;
      end;
    else
        for j = 1:3
        if tt(j)< = de feen = (de - tts - 3) * 21;
        elseif tt(j)< = tte feen = (de - tts - 3) * 21 + (tt(j) - de) * 9;
        else feen = (de - tts - 3) * 21 + (tte - de) * 9;
        end;
        sfee = sfee + feen;
        if de< = tt(j),tts = tt(j);
        else tts = de;
        end;
        if tt(j)< = de qus = 1;
        elseif tt(j)< = tte qus = 1 + (tt(j) - de) * 0.5;
        else qus = 1.5;
        end;
        feede = (tts - tt(j)) * 15;
        sfeede = sfeede + feede;
        sfee = sfee + feede;
        de = (2 - qus) * 2 + tts + 3;
        tte = de + 2;
        end;
    end;
        tts = tts - 24;de = de - 24;tte = tte - 24;
    end;
end;
feen = (de - tts - 3) * 21 + (tte - de) * 9;sfee = sfee + feen;
sfee = sfee/1000
sfeede = sfeede/1000
```

```
运行结果为
    sfee =
        1.7075e + 003
    sfeede =
        791.1552
```

2. 同理对其余几种方案进行模拟,最后得到的结果见表5.1.

表 5.1 计算机模拟结果

	方案(1)	方案(2)	方案(3)	方案(4)	方案(5)
总费用	3795.34	1910.5	3298.86	1758.91	1707.5
停滞费	2967.34	944.499	2470.86	792.911	791.1552

三、结果分析

从表5.1中可以看出,采用方案(5)时,总费用为1707.5美元,停滞费为791.1552美元,为最佳方案.

5.2 安全过河的问题案例

3名商人各带1名随从乘船渡河,一只小船只能容纳2人,由他们自己划行,随从们密约,在河的任一岸,一旦随从人数比商人多,就杀掉商人,此密约被商人知道,但如何乘船渡河的大权掌握在商人们手中.商人们怎样安排每次乘船方案,才能安全渡河呢?

一、问题分析与模型的建立

这个问题可看做一个多步决策的过程.设第 k 次渡河前此岸的商人数为 x_k,随从数为 y_k, $k=1,2,\cdots$, $x_k, y_k=0,1,2,3$.将二维向量 $S_k=(x_k,y_k)$定义为**状态**.安全渡河条件的状态集合称为**允许状态集合**,记作 S,则

$$S = \{(x,y) \mid x = 0 \text{ 或 } 3, y = 0,1,2,3; x = y = 1,2\} \tag{5.1}$$

又设第 k 次渡船上的商人数为 u_k,随从数为 v_k.将二维向量 $d_k=(u_k,v_k)$定义为**决策**.相应的**允许决策集合**记作 D,则由小船的容量可知

$$D = \{(u,v) \mid u + v = 1,2\} \tag{5.2}$$

因为 k 为奇数时,船从此岸驶向彼岸;k 为偶数时,船由彼岸驶回此岸.所以状态 S_k 随着决策 d_k 变化的规律即状态转移律为

$$S_{k+1} = S_k + (-1)^k d_k \tag{5.3}$$

这样,制定安全渡河方案可归结为如下的多步决策问题:

求决策 $d_k \in D(k=1,2\cdots n)$,使状态 $S_k \in S$ 按照转移律(5.3),由初始状态 $S_1=(3,3)$经有限步(设为 n 步)到达状态 $S_{n+1}=(0,0)$.

二、计算机算法

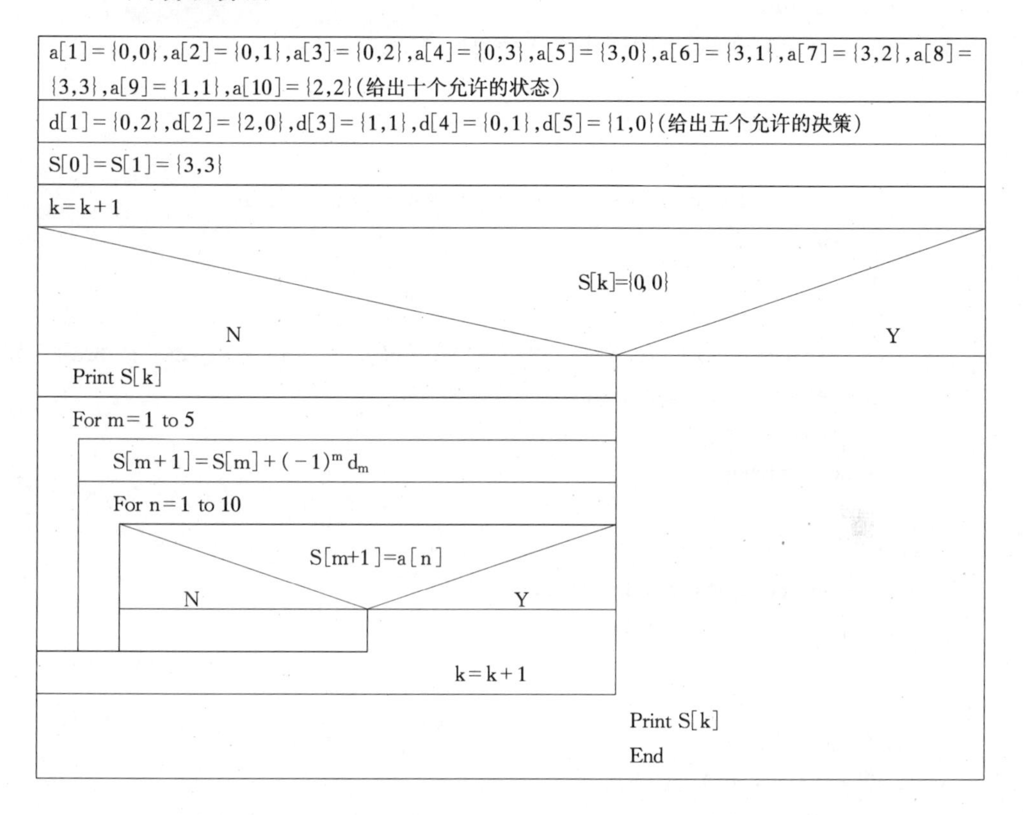

三、计算过程

根据以上算法,我们用 MATLAB 软件编程进行计算机模拟,给出了这个多步决策问题的一个解,且同时满足渡河次数尽量少的条件.具体程序如下:

计算机模拟实验程序

[duhe.m]

```
clear all;clc
a=[0,0;0,1;0,2;0,3;3,0;3,1;3,2;3,3;1,1;2,2];
d=[0,2;2,0;1,1;0,1;1,0];
i=1;j=1;k=1;s(1,:)=[3,3];
disp('此岸—船上—对岸')
for i=1:12
    for j=1:5
```

```
        t = 0; r = mod(i,2);m = r;u = 0;
        for k = 1:10
             if s(i,:) + ( - 1) ^i * d(j,:) == a(k,:) t = 1; end;
         end;
         if i + 1> = 3
             for m = 1 + r:2:i - 1
                  if s(i,:) + ( - 1) ^i * d(j,:) == s(m,:) u = 1; end;
           end;
        end;
        if t == 1
             if u == 0 s(i + 1,:) = s(i,:) + ( - 1) ^i * d(j,:); c(i + 1,:) = d(j,:);break;
             elseif u == 1 continue;
             end;
         else continue;
         end;
      end;
      if t == 0 disp('No Result');break;end;
      b(i + 1,:) = [3,3] - s(i + 1,:);
    play = sprintf('{ %d, %d}—{ %d, %d}—{ %d, %d}',s(i,1),s(i,2),c(i + 1,1),c(i + 1,
2),b(i + 1,1),b(i + 1,2));
      disp(play)
      if s(i + 1,:) == [0,0] break;end;
    end
```

```
运行结果为
    此岸—船上—对岸
    {3,3}—{0,2}—{0,2}
    {3,1}—{0,1}—{0,1}
    {3,2}—{0,2}—{0,3}
    {3,0}—{0,1}—{0,2}
    {3,1}—{2,0}—{2,2}
    {1,1}—{1,1}—{1,1}
    {2,2}—{2,0}—{3,1}
    {0,2}—{0,1}—{3,0}
    {0,3}—{0,2}—{3,2}
    {0,1}—{0,1}—{3,1}
    {0,2}—{0,2}—{3,3}
```

可以得出经过 11 步的渡河就能达到安全渡河的目标,且满足渡河的次数尽量少的条件.这 11 步的渡河方案就是上面程序运行结果中“船上”相应的那一列.渡河的整个过程如下所示：

(3商人3随从)$\xrightarrow{\text{去2随从}}$(3商人1随从)$\xrightarrow{\text{回1随从}}$(3商人2随从)$\xrightarrow{\text{去2随从}}$(3商人)$\xrightarrow{\text{回1随从}}$(3商人1随从)$\xrightarrow{\text{去2商人}}$(1商人1随从)$\xrightarrow{\text{回1商人1随从}}$(2商人2随从)$\xrightarrow{\text{去2商人}}$(2随从)$\xrightarrow{\text{回1随从}}$(3随从)$\xrightarrow{\text{去2随从}}$(1随从)$\xrightarrow{\text{回1随从}}$(2随从)$\xrightarrow{\text{去2随从}}$(渡河成功)

5.3 飞行管理问题案例

在约10千米高空的某边长为160千米的正方形区域内，经常有若干架飞机作水平飞行.区域内每架飞机的位置和速度向量均由计算机记录其数据，以便进行飞行管理.当一架欲进入该区域的飞机到达区域边缘时，记录其数据后，要立即计算并判断是否会与区域内的飞机发生相撞.如果发生相撞，则应计算如何调整各架(包括新进入的)飞机飞行的方向角，以避免碰撞.现假设条件如下：

1) 不相撞的标准为任意两架飞机的距离大于8千米；

2) 飞机飞行方向角调整的幅度不应超过30度；

3) 所有飞机飞行速度均为每小时800千米；

4) 进入该区域的飞机在到达区域边缘时，与区域内飞机的距离应在60千米以上；

5) 最多需考虑6架飞机；

6) 不必考虑飞机离开此区域后的情况.

(a)请对这个避免碰撞的飞机管理问题建立数学模型.

(b)对表5.2中的记录数据进行计算(方向角误差不超过0.01度)，要求飞机飞行方向角调整的幅度尽量小(方向角是指飞行方向与 x 轴正向的夹角).

表5.2 各飞机的位置

飞机编号	横坐标	纵坐标	方向角/度
1	150	140	243
2	85	85	236
3	150	155	220.5
4	145	50	159
5	130	150	230
新进入	0	0	52

(设该区域4个顶点的坐标为(0,0),(160,0),(160,160),(0,160))

一、符号说明

(x_{i0}, y_{i0})	第 i 架飞机的初始位置	a_{ij}	第 i 架飞机的初始方位角
a_i	第 i 架飞机的方位角	v	飞机速率
c_{ij}	$\cos a_i - \cos a_j$	s_{ij}	$\sin a_i - \sin a_j$
Δx_{ij}	$x_{i0} - x_{j0}$	Δy_{ij}	$y_{i0} - y_{j0}$
f	偏差平方和函数	m	步长的缩小倍数
u_{ij}	第 i 架飞机相对于第 j 架飞机的速度	h_{ij}	第 i 架飞机相对于第 j 架飞机的相对位移
l_{ij}	第 i 与 j 这两架飞机预计的最短距离		

二、问题分析及模型的建立

该问题显然是一个优化问题.目标为各飞机调整的角度最小,约束条件为按调整后的角度飞行,任意两架飞机在区域内的距离大于 8 千米,各飞机飞行方向的调整角度为约束变量.可取目标函数为各飞机调整角度的平方和,即 $f = \sum_{i=1}^{6}(a_i - a_{i0})^2$.根据相对运动原理知

$$u_{ij} = (vc_{ij}, vs_{ij}), h_{ij} = (\Delta x_{ij}, \Delta y_{ij}),$$

$$l_{ij} = (\Delta x_{ij} - \frac{\Delta y_{ij}s_{ij} + \Delta x_{ij}c_{ij}}{c_{ij}^2 + s_{ij}^2}c_{ij})^2 + (\Delta y_{ij} - \frac{\Delta y_{ij}s_{ij} + \Delta x_{ij}c_{ij}}{c_{ij}^2 + s_{ij}^2}s_{ij})^2 = \frac{(s_{ij}\Delta x_{ij} - c_{ij}\Delta y_{ij})^2}{s_{ij}^2 + c_{ij}^2}.$$

若 h_{ij} 和 u_{ij} 的方向一致(即夹角<90°),则飞机 i 与 j 不会相撞.所以问题的约束条件为

$$l_{ij}^2 = \frac{(s_{ij}\Delta x_{ij} - c_{ij}\Delta y_{ij})^2}{s_{ij}^2 + c_{ij}^2} > 64 \text{ 或 } T = h_{ij}u_{ij} = \Delta x_{ij}c_{ij} + \Delta y_{ij}s_{ij} > 0.$$

从而数学模型为

$$\min f = \sum_{i=1}^{6}(a_i - a_{i0})^2$$

$$\text{s.t.} \quad l_{ij}^2 = \frac{(s_{ij}\Delta x_{ij} - c_{ij}\Delta y_{ij})^2}{s_{ij}^2 + c_{ij}^2} > 64 \text{ 或 } T = h_{ij}u_{ij} = \Delta x_{ij}c_{ij} + \Delta y_{ij}s_{ij} > 0.$$

三、模型的求解

显然此问题是一个非线性优化问题,我们采用直接搜索法对其求解.直接搜索法的原理很简单:构造多重循环,对所有可能解进行判断,直接得出在一定精度范

围内的最优解.但如果不使用任何技巧进行直接搜索,必将耗费大量的时间.以本题为例,若在[-10,10]度区间内进行搜索,步长为0.01度,共6层循环,需计算$(20/0.01)^6=6.4\times10^{19}$次,若计算一次循环内的函数费时为$2.7\times10^{-5}$秒,则共需用时约为$1.8\times10^{15}$秒,约等于6千万年.显然这种算法是不可取的.

为在较短的时间内求得一个较精确的解,我们采用逐步求精的方法,即每次用一定的步长,以较少的循环次数进行"粗选",在"粗选"出的解附近以减少了的步长进行"精选",逐步推进,直到达到指定精度.

现我们考虑在区间[-10,10](度)上逐步求精.设每次求精的步长减少的倍数取为$m=10$,即每层循环的循环次数为m,则求精4次即可达到精度要求.MATLAB程序如下:

计算机模拟实验程序

[**mfly2.m**]

```
clear all,clc
x0 = [150 85 150 145 130 0];y0 = [140 85 155 50 150 0];rf0 = [243 236 220.5 159 230 52];
anglech = pi/180;rf0 = rf0 * anglech;rf = zeros(1,6);rfamin = zeros(1,6);
rfaminmin = zeros(1,6);a = zeros(1,6);fmin = 600;v = 800;c = zeros(1,6);s = zeros(1,6);
d = zeros(6,6);m = 10;length = 10;
for i = 1:6
  for j = 1:6
        dx(i,j) = x0(i) - x0(j);
        dy(i,j) = y0(i) - y0(j);
     end;
end;
while length> = 10
   step1 = length * 2/m;x10 = rf(1) - length;x20 = rf(2) - length;x30 = rf(3) - length;
   x40 = rf(4) - length;x50 = rf(5) - length;x60 = rf(6) - length;
   for ii = 0:m - eps
   a(1) = x10 + ii * step1;
   f1 = a(1) ^2;
   if f1>fmin continue; end;
   for ij = 0:m
   a(2) = x20 + ij * step1;
   f2 = f1 + a(2) ^2;
if f2>fmin continue; end;
```

```
for ik = 0:m
a(3) = x30 + ik * step1;
f3 = f2 + a(3)^2;
if f3>fmin continue; end;
for il = 0:m
a(4) = x40 + il * step1;
f4 = f3 + a(4)^2;
if f4>fmin continue; end;
for im = 0:m
a(5) = x50 + im * step1;
f5 = f4 + a(5)^2;
if f4>fmin continue; end;
for in = 0:m
a(6) = x60 + in * step1;
f = f5 + a(6)^2;
if f> = fmin continue; end
flag = 1;
for i = 1:6 rfamin(i) = rf0(i) + a(i) * anglech; end;
for j = 1:6
if flag == 0 break;end;
for k = 1:6
s(j,k) = sin(rfamin(j)) - sin(rfamin(k));
c(j,k) = cos(rfamin(j)) - cos(rfamin(k));
tempd1 = c(j,k) * c(j,k) + s(j,k) * s(j,k);
if tempd1< = 0.000001 d(j,k) = 74;
else tempd2 = c(j,k) * dx(j,k) + s(j,k) * dy(j,k);
if tempd2>0 d(j,k) = 74;
else
tempd4 = s(j,k) * dx(j,k) - c(j,k) * dy(j,k);
tempd4 = tempd4 * tempd4;
d(j,k) = tempd4/tempd1;
end;
end;
if d(j,k)< = 64 flag = 0; break;end;
end;
end;
if flag = = 1
if f<fmin
for g = 1:6
```

```
    rfaminmin(g) = a(g);
    end;
    fmin = f;
    end; end; end; end;end; end; end; end;
  for i = 1:6 rf(i) = rfaminmin(i); end;
  length = length * 2/m;
  end;
  disp('各架飞机的调整角分别为:');
  disp(rfaminmin);
  disp('调整角的平方和为:');
  disp(fmin);
```

```
运行结果为
    各架飞机的调整角分别为:
        0  0  2   -2  0  2
    调整角的平方和为:
        12
```

四、结果分析

对题目给出的6组数据,按上述程序运行后可求得各架飞机的调整角分别为:{0,0,2,-2,0,2},调整角的平方和为12.本模型适用于任意的初始数据,包括区域边长、碰撞标准、最小幅度、飞行速度、距离条件、方向误差等参数,并且可以推广到所给区域内有几架飞机或者是不断有飞机进出此区域的情形.本模型还可应用到其他领域中,例如船只的调度、人群的疏散等实际问题.

将语句"while length＞=10"中的10改为0.01,运行时间显著增加,越小所需时间越长,但结果越精确,平方和越小,以下是在10改为0.01时的该程序运行结果:

各架飞机的调整角分别为

0　　0　　2.0640　　-0.4992　　0　　1.5680

调整角的平方和为

6.9679

5.4 保险储备策略问题案例

某企业每年耗用某种材料3650件,每日平均耗用10件,材料单价10元,一次订购费25元,每件年储存费2元,每件缺货一次费用4元,平均交货期10天,交货期内不同耗用量 X 的概率分布为:

X_i	80	85	90	95	100	105	110	115	120	125	130
P_i	0.01	0.02	0.05	0.15	0.25	0.20	0.15	0.10	0.04	0.02	0.01

(1)不考虑缺货,日平均需求量为已知常数,周期初始储存为订货量,当储存量耗尽时,所订货物即可到达.试求此时的最佳订货量及订货次数,使单位时间的平均费用最少.

(2)考虑订货期内因需求量增加而引起缺货,但订货期内缺货,采取缺货不处理方式.试求此时的最佳订货点和保险储备量,使年度总费用最少.

一、符号说明

C_1——订购费(元/次)　C_2——储存费(元/件·天)　X_i——耗用量

C_3——缺货费(元/次·件)　U——单价(元/件)　Y_i——缺货量

D——年需求量　R——日平均需求量　N^*——最佳订货次数

T——订货周期　Q——订货量　Q^*——最佳订货量

N——订货次数　S——订货点　S^*——最佳订货点

L——平均送货期　B——保险储备量　B^*——最佳保险储备量

二、问题分析与模型的建立

1.求最佳订货量及订货周期

由于 R 为已知常数,所以可假定为确定性不允许缺货模型,货物订货量

$$Q = RT \tag{5.4}$$

均匀下降,当降到0时订货即可到达.

记任意时刻 t 的库存量为 $q(t)$,因为在 $0 \leqslant t < T$ 间无定货,所以对于足够小的 t 有

$$q(t + \Delta t) = q(t) - R\Delta t, 0 \leqslant t < T$$

即 $q'(t) = -R$,又 $q(0) = Q$,故 $q(t) = Q - Rt = RT - Rt, 0 \leqslant t < T$

由(5.4)式可得一周期内的储存量为

$$\int_0^T q(t)\mathrm{d}t = RT^2 - \frac{1}{2}RT^2 = \frac{1}{2}RT^2$$

于是有每天的储存费为

$$C_2 \frac{\frac{1}{2}RT^2}{T} = \frac{1}{2}C_2RT$$

每天的订货费为

$$\frac{C_1 + URT}{T} = \frac{C_1}{T} + UR$$

每天的平均费用为

$$C(T)=\frac{C_1}{T}+UR+\frac{1}{2}C_2RT$$

所以欲求最佳订货量 Q^* 及订货次数 N^*，就归结为求订货周期 T 使 $C(T)$ 最小.

令 $\frac{\mathrm{d}C}{\mathrm{d}T}=0$，求得 $T^*=\sqrt{\frac{2C_1}{RC_2}}$. 再由(5.4)式即得 $Q^*=\sqrt{\frac{2C_1R}{C_2}}$ $\quad N^*=\frac{D}{Q^*}$.

2. 求最佳订货点和保险储备量

考虑送货期需求量的随机性，订货点 S 除满足送货期 L 的平均需求外，还需维持保险储备量 B，所以

$$S=LR+B$$

当库存量降到 S 时应订货. 又订货期内发生缺货则采取缺货不处理方式，所以

$$Y_i=\begin{cases}X_i-S & X_i>S\\ 0 & X_i\leqslant S\end{cases}$$

则送货期内因需求量增加而引起的平均缺货量为

$$E(Y)=\sum_{i=1}^{11}Y_iP_i$$

因此得年度缺货费为 $N^*C_3E(Y)$，保险储备费为 C_2B，与保险储备有关的总费用为

$$C=N^*C_3E(Y)+C_2(S-LR)$$

用枚举法可求 S^*，使得

$$\min\{N^*C_3E(Y)+C_2(S-LR)\}$$

再由 $B^*=S^*-LR$ 确定 B^* 即可.

三、计算过程

我们用 MATLAB 编程如下：

计算机模拟实验程序

(1)求最佳订货量及订货周期程序

[**insure.m**]

```
clear all,clc
syms R T U c1 c2 c3 D Q;
eq1 = diff('c1/T + U * R + 1/2 * c2 * R * T','T');
S = solve(eq1,T);T1 = S(1);
Q = R * T;
```

```
N = D/Q;
c1 = 25;c2 = 2/365; c3 = 4; U = 10; D = 3650; R = 10; L = 10;
T1 = eval(T1);T = T1;Q = eval(Q);N = eval(N);
play1 = sprintf('最佳订货周期为: %d天',T1);
play2 = sprintf('最佳订货量为: %d件',Q);
play3 = sprintf('最佳订货次数为: %d次/年',N);
disp(play1);disp(play2);disp(play3);
```

```
运行结果为
    最佳订货周期为:3.020761e+001   天
    最佳订货量为:3.020761e+002   件
    最佳订货次数为:1.208305e+001   次/年
```

(2)求最佳订货点和保险储备量程序

[insure1.m]

```
function order = insure1(x);
S = x;
L = 10;R = 10;N = 1.208305e+001;c2 = 2/365;c3 = 4;
X = 75:5:130;
P = [0.01,0.02,0.05,0.15,0.25,0.20,0.15,0.10,0.04,0.02,0.01];
for i = 1:11
    if X(i)>S
        Y(i) = X(i) - S;
    else
      Y(i) = 0;
    end;
end;
E = sum(Y. * P);
order = N * c3 * E + c2 * (S - L * R);
```

[insure2.m]

```
clear all,clc
min = fminbnd('insure1',100,200);
B = min - 100;
play1 = sprintf('最佳订货点为: %0.4g 件',min);
play2 = sprintf('最佳保险储备量为: %0.4g 件',B);
disp(play1);disp(play2);
```

```
运行结果为
    最佳订货点为:125 件
    最佳保险储备量为:25 件
```

四、结果分析

由结果可看出:

(1)不采用储存策略,缺货费用较多;

(2)保存较多的库存量,储备费用也较多;

(3)建立合理的保险储备量,则企业的年度平均费用最少.

这无疑给企业的领导者提供了科学可行的决策依据.

5.5 水箱的水流问题案例

许多供水单位由于没有测量流入或流出水箱流量的设备,而只能测量水箱中的水位.试通过测得的某时刻水箱中水位的数据,估计在任意时刻(包括水泵灌水期间)t 流出水箱的流量 $f(t)$.

现给出原始数据见表 5.3,其中水位高度单位为 E (1E=30.24cm).水箱为圆柱体,其直径为 57E.并假设:

(1)影响水箱流量的惟一因素是该区公众对水的普遍需要;

(2)水泵的灌水速度为常数;

(3)每天的用水量分布都是相似的;

(4)从水箱中流出水的最大流速小于水泵的灌水速度;

(5)水箱的流水速度可用光滑曲线来近似;

(6)当水箱的水容量达到 514.8×10^3 克时,开始泵水;达到 677.6×10^3 克时,便停止泵水.

表 5.3 不同时间水箱中水位

时间/秒	水位/10^{-2}E	时间/秒	水位/10^{-2}E
0	3 175	44 636	3 350
3 316	3 110	49 953	3 260
6 635	3 054	53 936	3 167
10 619	2 994	57 254	3 087
13 937	2 947	60 574	3 012
17 921	2 892	64 554	2 927
21 240	2 850	68 535	2 842
25 223	2 795	71 854	2 767
28 543	2 752	75 021	2 697
32 284	2 697	79 254	泵水
35 932	泵水	82 649	泵水
39 332	泵水	85 968	3 475
39 435	3 550	89 953	3 397
43 318	3 445	93 270	3 340

注:第一段泵水的始停时间及水量为

$$t_{始} = 8.968(小时), V_{始} = 514.8 \times 10^3(克)$$

$$t_{末} = 10.936(小时), V_{末} = 677.6 \times 10^3(克)$$

第二段泵水的始停时间及水量为

$$t_{始} = 20.839(小时), V_{始} = 514.8 \times 10^3(克)$$

$$t_{末} = 22.958(小时), V_{末} = 677.6 \times 10^3(克)$$

由于要求的是水箱流量与时间的关系,因此需由表 5.3 的数据计算出相邻时间区间的中点及在时间区间内水箱中流出的水的平均速度

平均速度=(区间左端点的水量-区间右端点的水量)/时间区间长度得到表 5.4.

表 5.4　相邻时间区间的中点及在时间区间内水箱中流出的水的平均速度

时间区间的中点值/小时	平均流量/(10^3 克/小时)	时间区间的中点值/小时	平均流量/(10^3 克/小时)
0.4606	14.0	13.42	19.0
1.382	12.0	14.43	16.0
2.396	10.0	15.44	16.0
3.411	9.6	16.37	16.0
5.439	8.9	17.38	14.0
6.45	9.6	18.49	14.0
7.468	8.9	19.50	16.0
8.448	10.0	20.40	15.0
9.474	/	21.43	/
10.45	/	22.49	/
10.94	/	23.42	/
11.49	18.6	24.43	14.0
12.49	20.0	25.45	12.0

作出散点图如图 5.1 所示.

从图 5.1 中可看出数据分布不均匀,局部紧密,因此不能采用插值多项式处理数据,而应用曲线拟合的最小二乘法.

一、计算过程

1.算法

第 1 步　输入数据$\{x_i, y_i\}$;

第 2 步　进行拟合;

第 3 步　作出散点图；

第 4 步　进行误差估算.

2. 误差估计

误差估算时，由于水泵的灌水速度为一常数，水箱中水的体积的平均变化速度 $\frac{\Delta V}{\Delta t}$ 应近似等于水泵的灌水速度 p 减去此段时间内从水箱中流出的平均速度，即

$$p = \frac{\Delta V}{\Delta t} + \frac{\int f(t)\mathrm{d}t}{\Delta t}$$

此处 $f(t)$ 在 Δt 区间的两端点间进行积分.

如果此模型确实准确地模拟了这些数据，那么在不同的灌水周期中，按此模型计算出的水泵的灌水速度应近似为常数. 下面通过水泵开始和停止工作的两段区间，即 $t\in[8.968,10.926]$ 及 $t\in[20.839,22.958]$ 来进行检验.

第一段　$\Delta V_1 = 677\,600 - 514\,800 = 162\,800$（克），$\Delta t_1 = 10.926 - 8.986 = 1.958$（小时）

$$\frac{\Delta V_1}{\Delta t_1} = 83\,150 \text{（克 / 小时）}$$

$$p_1 = 83150 + \frac{1}{\Delta t_1}\int_{8.986}^{10.926} f(t)\mathrm{d}t$$

第二段　$\Delta V_2 = 677\,600 - 514\,800 = 162\,800$（克），$\Delta t_2 = 22.958 - 20.839 = 2.119$（小时）

$$\frac{\Delta V_2}{\Delta t_2} = 76\,830 \text{（克/小时）}$$

$$p_2 = 76\,830 + \frac{1}{\Delta t_2}\int_{20.839}^{22.958} f(t)\mathrm{d}t$$

$$\delta = \frac{p_1 - p_2}{p_2}$$

计算机模拟实验程序

[**wflow.m**]

```
clear all,clc
format long;clear;
L=[0.460,14.0;1.382,12.0;2.396,10.0;3.411,9.6;4.425,9.6;...
5.439,8.9;6.45,9.6;7.468,8.9;8.448,10.0;11.49,18.6;...
    12.49,20.0;13.42,19.0;14.43,16.0;15.44,16.0;16.37,16.0;...
    17.38,14.0;18.49,14.0;19.50,16.0;20.40,15.0;24.43,14.0;...
```

```
    25.45,12.0];
  g=L(:,2);m=L(:,1);n=size(L);inter=ones(n(1),1);
  mymodel=fittype('a+b*x^3+c*x^5+d*
cos(0.1*x)+e*sin(0.1*x)','ind','x');
  opts=fitoptions(mymodel);
  set(opts,'normalize', 'off');
  g=L(:,2);m=L(:,1);n=size(L);inter=ones(n(1),1);
  fx=fit(m,g,mymodel)
  scatter(L(:,1),L(:,2),5,'r','filled');hold on;
  fplot(fx,[0 27])
  xlabel('时间')
  ylabel('平均流量')
  title('时间——平均流量拟合曲线和散点图')
  V1=677600-514800;
  t1=10.926-8.968;
  m1=V1/t1;
  V2=677600-514800;
  t2=22.958-20.839;
  m2=V2/t2;syms x;
  p1=m1+eval(int(fx(x),8.968,10.926))/t1
  p2=m2+eval(int(fx(x),20.839,22.958))/t2
  dalta=(p1-p2)/p2
  format short;
```

```
运行结果为
fx =
  General model:
  fx(x)=a+b*x^3+c*x^5+d*
  cos(0.1*x)+e*sin(0.1*x)
  Coefficients (with 95% confidence bounds):
  a =112.5 (64.35, 160.7)
  b = -0.01985 (-0.02976, -0.00994)
  c =1.561e-005 (7.21e-006, 2.401e-005)
  d = -97.1 (-142.5, -51.67)
  e = -33.11 (-51.03, -15.19)
p1 =
     8.315991952715493e+004
p2 =
     7.684082087407011e+004
dalta =
     0.08223622003519
```

二、结果分析

通过水泵开始和停止工作的两段时间检验水泵灌水速度应近似为常数.其中由$\{1,x,x^2,x^3,\cdots,x^8\}$拟合的函数$f(t)$所产生的误差为8.217%,由$\{1,x^3,x^5,$

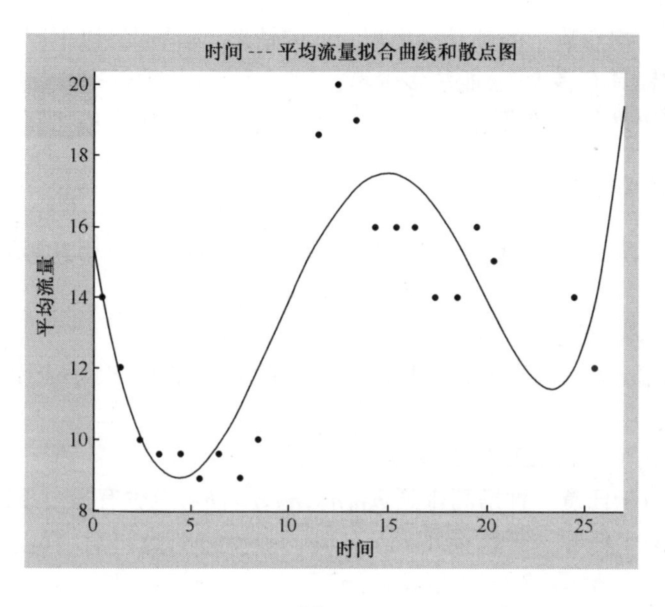

图 5.1

$\sin(0.1x)$,$\cos(0.1,x)$}拟合误差达到 82.24%.由此可见,若选择不同的基函数,将得到不同的误差.但是只要基函数选择恰当,所产生的误差也可保持为相对稳定的最小常数来支持该模型.

同时,一旦确定了最佳的 $f(t)$,我们便可通过 Integrate( )函数估算出一天的用水总量,从而根据常规的每 1000 人用水量来推测出该地区的人口数;另外,还可求得水箱的平均流速.

5.6 锁具装箱问题案例

某厂生产一种弹子锁具,每个锁具的钥匙有 5 个槽,每个槽的高度从{1,2,3,4,5,6}6 个数中任取一数.由于工艺及其他原因,制造锁具时对 5 个槽的高度还有两个条件:

(1) 至少有 3 个不同的数;

(2) 相邻两槽的高度之差不能为 5.

满足以上条件制造出来的所有互不相同的锁具称为一批.

从顾客的利益出发,自然希望在每批锁具中不能互开.但是在当前工艺条件下,对于同一批中两个锁具是否能够互开,有以下试验结果:若二者相对应的 5 个槽的高度中有 4 个相同,另一个槽的高度差为 1,则可能互开;在其他情形下,则不可能互开.

销售部门在一批锁具中随意地取 60 个装成一箱出售.团体顾客往往购买几箱

到几十箱，他们抱怨购得的锁具会出现互开的情形.现请回答以下问题：

(1)一批锁具有多少个，能装多少箱？

(2)按照原来的装箱方案，应该如何定量地衡量团体顾客抱怨互开的程度？

一、问题分析

某厂生产的这种弹子锁具，由于其钥匙有5个槽，所以可用五元数组来记一个锁具

$$Key = (h_1, h_2, h_3, h_4, h_5)$$

其中 h_i 表示第 i 个槽的高度，$i=1,2,3,4,5$. 此五元数组表示一把锁应满足如下条件：

条件1：$h_i \in \{1,2,3,4,5,6\}, i = 1,2,3,4,5$.

条件2：对于任意一种槽高排列 h_1, h_2, h_3, h_4, h_5，至少有三个不同的槽高.

条件3：对于任意一种槽高排列 h_1, h_2, h_3, h_4, h_5，有：$|h_i - h_{i-1}| \neq 5, i=2,3,4,5$.

而两个锁具可以互开的条件为：两个锁的钥匙有四个槽高相同，其余一个槽高相差为1.

二、求解方案

1. 一批锁具个数的计算

记一批锁具集合为

$K = \{(h_1, h_2, h_3, h_4, h_5) \mid h_i \in \{1,2,3,4,5,6\}, i = 1,2,3,4,5$，且$(h_1, h_2, h_3, h_4, h_5)$ 为一锁具$\}$其元素个数小于 $6^5 = 7776$，可采用逐个检验条件1,2,3的方法来求一批锁具的所有锁具，当然也可计算出其个数.

2. 抱怨程度的刻画

在这里我们简单地用平均互开总对数来刻画抱怨程度，所以关键是要计算出顾客购买一箱或二箱时的平均互开总对数，这可以用计算机模拟去计算.

我们引入下面的记号

$$P = \{(h_1, h_2, h_3, h_4, h_5) \mid h_i \in \{1,2,3,4,5,6\},$$
$$i = 1,2,3,4,5, \text{且} \sum_{i=1}^{5} h_i \text{ 为偶数}\}$$
$$Q = \{(h_1, h_2, h_3, h_4, h_5) \mid h_i \in \{1,2,3,4,5,6\},$$
$$i = 1,2,3,4,5, \text{且} \sum_{i=1}^{5} h_i \text{ 为奇数}\}$$

则可证得：P 中的锁具不能互开，Q 中的锁具也不能互开，只有 P 中的与 Q 中的锁具才可能互开.

在实际计算中,判断互开时,我们将 P 和 Q 中的锁具分别标号为 0 和 1,这样可减少判断时的计算,大大提高了计算速度.

注意:直接用平均互开总对数来刻画抱怨程度有一定的不合理性.因为用这样来刻画时,购买的箱数越多,抱怨程度就越大,而实际上,购买的越多,自然互开的可能性就越大,这是顾客意料之中的,不应有太多的抱怨,顾客所不能容忍的是购买少量的锁具而出现互开现象.因此,应把购买箱数作为一个因素考虑到抱怨函数中.理想的抱怨函数应该是,开始时随购买量的增加而增加,到一定量后下降,这才合理.在这里,我们的主要任务是模拟求解,所以就简单地用平均互开总对数来刻画抱怨程度.

三、计算机程序及结果

我们用 MATLAB 软件编程进行计算机模拟,其程序框图如下:

对(h_1,h_2,h_3,h_4,h_5)的所有排列逐个检验条件 2,3,判断其是否为锁具,将锁具放在数组 key 中,若$\sum_{i=1}^{5}h_i$ 为偶数,标号为 0,并记数 count.
输出一批锁具的总个数 count.
多次用随机数来模拟销售一箱的情形,计算平均互开总对数.
输出一箱平均互开总对数 Average.

注意:

(1)对框图稍加修改,就可用于研究 2,3,4 箱等的平均互开总对数.

(2)程序对(h_1,h_2,h_3,h_4,h_5)的所有排列逐个检验条件 2,3 时要进行两次判断,一次是判断(h_1,h_2,h_3,h_4,h_5)是否有 3 个不同的数;另一次是相邻槽高之差是否为 5.在前一个判断时,采用了比较简捷的方法,请仔细考察.

(3)找(h_1,h_2,h_3,h_4,h_5)的所有排列,实际上可用五重循环来实现.

计算机模拟实验程序

【**lock.m**】

```
clear all,clc
cnt = 0;
for h1 = 1:6
    for h2 = 1:6
      for h3 = 1:6
```

```
            for h4 = 1:6
              for h5 = 1:6
                te = zeros(1,6);
                te(h1) = 1;te(h2) = 1;te(h3) = 1;
                te(h4) = 1;te(h5) = 1;su = sum(te);
                if su> = 3
                  keel(1) = h1;keel(2) = h2;keel(3) = h3;
                  keel(4) = h4;keel(5) = h5;
                  flal = 1;
                  for i = 2:5
                if abs(keel(i) - keel(i - 1))> = 5
                      flal = 0;
                  end;
                end;
                if flal = = 1
                  cnt = cnt + 1;
                  key(cnt,:) = keel;
                    if mod(sum(keel),2) = = 0
                    flag(cnt) = 0;
                  else
                    flag(cnt) = 1;
                  end;
                end;
              end;
            end;
          end;
        end;
      end;
    end;
    count = cnt
    cnt = 0;aid = ones(1,5);kebe = zeros(1,5);
    for n = 1:1000
      mnx = randint(1,60,5880) + 1;
      for i = 1:60
        for k = i + 1:60
          if flag(mnx(i))~ = flag(mnx(k))
            if abs(sum(key(mnx(i),:)) - sum(key(mnx(k),:))) =  = 1
              keel = key(mnx(i),:);kebe = key(mnx(k),:);
              flal = 0;
```

```
            for j = 1:5
              if keel(j)~ = kebe(j)
                flal = flal + 1;
              end;
            end;
            if flal == 1
              cnt = cnt + 1;
            end;
          end;
        end;
      end;
    end;
  end;
  average = cnt/1000
```

```
运行结果为
    count  =
            5880
    average  =
              2.3550
```

即得到一批锁具的个数为5880,购买一箱时的平均互开总对数为2.355.对程序稍加修改,可得到买二箱时的平均互开总对数为8.91,即得到如下结果:count=5880和average= 8.91.

参 考 答 案

习 题 一

3. z= 401.6562

4.

程序如下：

```
T=1;
S=1;
for i=1:n;
S=S*i;
T=T+(1/S)*(x.^i);
end;T
```

在 Command Window 下先输入 n 和 x 的值，再执行此程序即可。

5.
```
>> a=[10:-1:1]
a=
10  9  8  7  6  5  4  3  2  1
>> a=linspace(10,1,10)
a =
10  9  8  7  6  5  4  3  2  1
```

6.(1)

```
4  -2  2
1   5  3
```

(2)

```
 1   3
-2   0
 2  -1
 4  -2  2
-3   0  5
 2  -1  1
```

(3)

```
 1  3   4
-2  0  -3
 1  5   3
```

(4)

```
 4  -2   2
-3   0   5
 1   5   3
 1   3   4
-2   0  -3
 2  -1   1
```

```
 4  -2  2   1   3   4
-3   0  5  -2   0  -3
 1   5  3   2  -1   1
```

(5)4 -2

```
      -3        0
       0       -3
      -1        1
7.(1)  7       -7        0
      -4        0       13
       0       11        5
 (2)  12       10       24          -1     18     29
       7      -14       -7         -11    -11    -13
      -3        0       -8          12      1      2
 (3)  0          0          2.0000     0          5.5714      9.7143
     -2.7143    -8.0000    -8.1429     0          2.4286      8.2857
      2.4286     3.0000     2.2857     1.0000    -3.7143     -8.1429
 (4)  4.0000    -8.0000    16.0000
      0.1111     1.0000     0.0080
      1.0000     0.2000     3.0000
8.(1) c =                                  d =
        32143    68125                        2662    5645
        40875    86643                        3387    7178
 (2) e =                                   f=
        0.7330 + 0.7416i                     -0.8645
        0.7330 - 0.7416i                      0.1625 + 1.0226i
       -0.8952                                0.1625 - 1.0226i
       -0.1188 + 1.0066i                      0.5395
       -0.1188 - 1.0066i
 (3)g =
       3     1     2     2     1     2
   h =
       0     6    -2     7     4    -2    10    -1     2     3    -3
     i =
       1.5000     -0.5000
 (4)j =
       15    -4     6     2     0
```

9.(1) -1.0000　　(2)6667　　(3)9.9058

习　题　二

1.(1)3　　(2)4

2.(1)

4	−1	−1
0	1	−2
1	0	−1

(2)

1.0000	0	−1.0000	0
−3.0000	1.0000	3.0000	−1.0000
6.0000	−2.0000	−5.0000	2.0000
−24.0000	7.0000	20.0000	−6.0000

3.(1)秩是3,线性无关.最大线性无关组为 $\alpha_1,\alpha_2,\alpha_3$.

(2)秩是3,线性无关.最大线性无关组为 $\alpha_1,\alpha_2,\alpha_3$.

(3)秩是3,线性相关.最大线性无关组为 $\alpha_1,\alpha_2,\alpha_3$.

4.(1)因为 $R(A)=2$,而 $R(\overline{A})=3$,故方程组无解.

(2)因为 $R(A)=4$,故齐次方程组只有惟一零解.

(3)因为 $R(A)=R(\overline{A})=2$,故方程组有无穷多解.

(4)因为 $R(A)=2<3$,故齐次方程组有无穷多解.

5.(1)v=

0	379/1257	379/1257
0	379/1257	379/1257
1	−379/419	−379/419

d=

2	0	0
0	1	0
0	0	1

不能对角化.

(2)v=

−985/1393	−528/2177	379/1257
0	0	379/419
−985/1393	−2112/2177	379/1257

d=

−1	0	0
0	2	0
0	0	2

对角矩阵为

−1	0	0
0	2	0
0	0	2

(3)v=

−2/3	−289/10476	−289/388
2/3	−582/1241	−566/977
−1/3	−851/964	289/873

d=

0	0	0
0	9	0
0	0	9

对角矩阵为

0	0	0
0	9	0
0	0	9

6.(1) $f = -y_1^2 + 2y_2^2 + 5y_3^2$

(2) $f = -\sqrt{2}y_1^2 + \sqrt{2}y_4^2$

(3) $f = y_1^2$

7.

1	0	0	105/23
0	1	0	165/23
0	0	1	45/23

8.(1)
```
>> clear;a=[0.99 0.05;0.01 0.95];
>> x=[0.2;0.8];
>> x=a*x;
>> format short;
>> x
x =
  0.2737
  0.7263
```
(2)
```
>> for i=1:10,x=a*x;end
>> format short;
>> x
x =
  0.5319
  0.4681
```
(3)
```
a=[0.99 0.05;0.01 0.95];
x=[0.2;0.8];
for i=1:n;
    x=a*x;
end;
format short;
x
```
在 Command Window 下先输入 n 的值,再执行此程序即可。

习 题 三

1.(1)1/2　(2)exp(-6)　(3)1/3　(4)2

2.(1)10 * x^9 + 10^x * log(10) - 2592480341699211/1125899906842624/log(x)^2/x

(2)-2/(1-x^2)-4 * x^2/(1-x^2)^2

(3)[2 * exp(2 * x) * (x + y^2 + 2 * y) + exp(2 * x)]
　[　　　exp(2 * x) * (2 * y + 2)]

(4)[36 * cos(3 * x + 2 * y)^2 - 18]
　[　16 * cos(3 * x + 2 * y)^2 - 8]

(5)2 * (x * xdx + y * ydy + u * udu)/(x^2 + y^2 + u^2),即 $dz = 2(xdx + ydy + udu)/(x^2 + y^2 + u^2)$

3.(1) 1/2 * sin(x) + 1/10 * sin(5 * x)　(2) -1/2 * x * (a^2 - x^2)^(1/2) + 1/2 * a^2 * atan(x/(a^2 - x^2)^(1/2))

(3) -2/3/(-b + a) * (log(x) + b)^(3/2) + 2/3/(-b + a) * (log(x) + a)^(3/2)

4.(1)0.8000　(2)0.8556　(3)4.0265

5.(1) 1.3333　(2)4.5746　(3)3.5000　(4)5.6250　(5)0.7854

6.(1)C1 + C2 * log(1 + x)

(2)x^3 + C1 + C2 * exp(x)

7.(1)3.5909　(2) - exp(-1) * pi + pi

8.(1)x + x^2 + 1/2 * x^3 + 1/6 * x^4 + 1/24 * x^5 + 1/120 * x^6 + 1/720 * x^7 + 1/5040 * x^8
+ 1/40320 * x^9 + 1/362880 * x^10;
104.2523;
(2)1 - 1/6 * x^2 + 1/120 * x^4 - 1/5040 * x^6 + 1/362880 * x^8; -0.0753

习 题 四

问题1的解答:

一、模型的建立

设 $x_j (j=1,2,3,4,5)$ 表示混合饲料中所含的第 j 种饲料的数量.由于提供的蛋白质总数必须满足每天的最低需求量70克,故应有

$$0.30x_1 + 2.00x_2 + 1.00x_3 + 0.60x_4 + 1.80x_5 \geqslant 70$$

同理,考虑矿物质和维生素的需要,应有

$$0.10x_1 + 0.05x_2 + 0.02x_3 + 0.20x_4 + 0.05x_5 \geqslant 3$$

$$0.05x_1 + 0.10x_2 + 0.02x_3 + 0.20x_4 + 0.08x_5 \geqslant 10$$

混合饲料成本的目标函数 f 为

$$f = 0.2x_1 + 0.7x_2 + 0.4x_3 + 0.3x_4 + 0.5x_5$$

决策变量 x_j 非负.

由于希望调配出来的混合饲料成本最低,所以该饲料配比问题是一个线性规划模型:

$$f(\min) = 0.2x_1 + 0.7x_2 + 0.4x_3 + 0.3x_4 + 0.5x_5$$

$$\text{s.t.}\begin{cases}0.30x_1 + 2.00x_2 + 1.00x_3 + 0.60x_4 + 1.80x_5 \geqslant 70\\0.10x_1 + 0.05x_2 + 1.00x_3 + 0.02x_4 + 0.05x_5 \geqslant 3\\0.05x_1 + 0.10x_2 + 0.02x_3 + 0.20x_4 + 0.08x_5 \geqslant 10\\x_j \geqslant 0, j = 1,2,3,4,5\end{cases}$$

计算机模拟实验程序

```
[tp.m]
c=[0.2,0.7,0.4,0.3,0.5];
A=[0.30,2.00,1.00,0.60,1.80;0.10,0.05,...
    1.00,0.02,0.05;0.05,0.10,0.02,0.20,0.08];
b=[70,3,10];
[X fmin]=linprog(c,A,b,A,b,[0 0 0 0 0])
```

```
运行程序如下:

Optimization terminated successfully.
X =
     0.0000
     0.0000
     0.9490
     39.8774
     25.0692
fmin =
     24.8774
```

问题 2 的解答:

下面用逻辑斯蒂方程对问题进行拟合,并从模型中预测达到稳定时的数量.使用 MATLAB 的非线性拟合命令 nlinfit,其拟合函数为

$$\frac{dn}{dt} = 0.546\,97n\left(1 - \frac{n}{663.03}\right)$$

拟合得到的解为

$$n(t) = \frac{663.03}{1 + e^{4.27 - 0.546\,97t}}$$

可见种群达到稳定的数量为663.03.

计算机模拟实验程序

(1) 定义逻辑斯蒂函数

```
function y = example4f(beta0,x)
r = beta0(1);k = beta0(2);c = beta0(3);
y = k./(1 + exp(c - r * x));
```

(2) 求解参数

```
clc,clear all
t = [0:18];
y = [9.6 18.3 29 47.2 71.1 119.1 174.6 257.3 350.7 441 513.3 559.7 594.8 629.4 ...
    640.8 651.1 655.9 659.6 661.8];
format short g
beta0 = [2,670,10]; % beta0(1)表示内禀增长率;beta0(2)表示最大容纳量;beta0(3)为积分常数项
betafit = nlinfit(t,y,'example4f',beta0)
```

参 考 文 献

崔玉影,王崇杰.2000.一种季节性生物种群消长模型[J].辽宁师范大学学报(自然科学版),23(1):84~85

电子科技大学应用数学系.2001.数学试验简明教程[M].成都:电子科技大学出版社

丁焕中,曾振灵,冯淇挥,陈杖榴.2002.沙拉沙星在猪体内的药动力学研究[J].畜牧兽医学报,33(1):55~58

冯洪辉.1987.兽医代谢动力学[M].北京:科学出版社

黄娟,刘光荣,王向阳,王顺建,宋爱颖.2003.麦蚜天敌优势种群的评价[J].植保技术与推广,3(5):9~11

姜妙男.1995.水稻伸长生长的数学模型.生物数学学报[J],10(2):54~63

李 端.1981.血药浓度与给药方案[M].上海:上海科学技术出版社

刘福.1985.电子计算机在农业上的应用[M].北京:农村读物出版社

刘则毅,刘东毅,马逢时,史道济.2001.科学计算技术与Matlab[M].北京:科学出版社

宋仁学,徐中儒,徐鹏云,李讽.1994.密度制约竞争二种群Volterra方程解的有界性及参数估计[J].生物数学学报,9(4):214~218

王信峰,戈西元,邢黎峰.2000.应用数学与计算机上机实训[M].北京:电子工业出版社

王永锐.1991.作物高产群体生理[M].北京:科学技术文献出版社

邢黎峰,刘贤喜,法永乐.1997.Richards生长模型描述弹性分析[J].山东农业大学学报

邢黎峰,孙明高,王元军.1998.生物生长的Richards模型[J].生物数学学报,13(3):349~353

郑洲顺,曲选辉.2002.Logistic阻滞增长模型的计算机模拟[J].计算机工程与应用,23:37~39

周义仓,郝孝良.1999.数学建模实验[M].西安:西安交通大学出版社

Pescoot D M.1995.Relations between cell growth and cell division[J].Exp Cell Res,9(5):328~337